职业教育课程改革创新系列规划教材

电力拖动控制线路与技能训练

——七步图解轻松玩转强电装接

卢 波 刘庆国 编著

本书为宁波市职业教育地方特色教材研发资助项目

科 学 出 版 社

北 京

内 容 简 介

　　本书为宁波市职业教育地方特色教材研发资助项目。本书采用项目式结构、任务驱动的模式编写，采用七步走、分步图解的方式进行任务实施，主要内容由电力拖动最典型、最基础的 12 个控制线路的安装、调试与排故构成，包括点动控制、自锁控制、双重联锁控制、顺序控制、自动往返、双速控制、降压启动和制动控制等。

　　本书可作为技工院校、职业院校机电类相关专业的技能课教材，同时也可作为相关行业的岗位培训教材和技术人员的自学用书。

图书在版编目（CIP）数据

　　电力拖动控制线路与技能训练：七步图解轻松玩转强电装接/卢波，刘庆国编著.—北京：科学出版社，2014

　　（职业教育课程改革创新系列规划教材）

　　ISBN 978-7-03- 042031-2

　　Ⅰ.①电…　Ⅱ.①卢…②刘…　Ⅲ.①电力传动-自动控制系统-中等专业学校-教材　Ⅳ.①TM921.5

　　中国版本图书馆 CIP 数据核字（2014）第 224343 号

责任编辑：张振华 / 责任校对：王万红
责任印制：吕春珉 / 封面设计：曹　来

科学出版社 出版

北京东黄城根北街 16 号
邮政编码：100717
http://www.sciencep.com

三河市骏杰印刷有限公司印刷

科学出版社发行　　各地新华书店经销

*

2015 年 2 月第 一 版　　开本：787×1092　1/16
2022 年 6 月第 六 次印刷　　印张：12 1/2
字数：297 000

定价：35.00 元
（如有印装质量问题，我社负责调换〈骏杰〉）

销售部电话 010-62134988　编辑部电话 010-62135120-2005

前　言

"电力拖动控制线路与技能训练"是机电类专业的一门专业实践课程。为了响应教育部提出的职业教育应"以就业为导向、以能力为本位"的办学方针，更好地满足技工院校、职业院校"一体化"课改教学的需求，编者参照国家职业技能鉴定标准、人力资源和社会保障厅印发的《一体化课程开发技术规程》、宁波市职业学校电子电工专业"电力拖动"课程考核方案、维修电工中级工（实操）考核要求，在广泛调研的基础上，结合自身十几年的实践教学经验，编写了本书。

本书精简了理论知识的内容，注重和强化实践操作，强调"学以致用"。本书主要内容由电力拖动最典型、最基础的12个控制线路的安装、调试与排故构成，包括点动控制、自锁控制、双重联锁控制、顺序控制、自动往返、双速控制、降压启动和制动控制等电路，本书把复杂、难以理解的内容，通过简单易懂的图解方式进行讲解。本书编写以项目为载体，由浅入深、步步深入、通俗易懂、层次清晰。本书附录中收集了10个较复杂的综合控制线路，专门为动手能力强、技能掌握好的学生准备，使学生有了更多的提升空间，为今后机床线路的学习打下扎实基础。

本书的特色与亮点如下：

一、理念先进

本书项目的设置从简单到复杂，从单一到综合，步进式的教学内容，符合中职学生的认知规律，在"做中学、学中做"，边做边学，理实一体。本书中的素材是编者十几年的电工技能实训教学的积累，其中的教学方法"七步走战略"（读懂原理图，快速选元件；巧布位置图，方便你接线；细绘接线图，工艺尽在手；慢接电路图，完美线工艺；活用欧姆挡，结果早知道；旋转电动机，累后尽开颜；模拟排故障，经验日积累）也是编者在实训教学过程中的提炼，能够很好地适应学生的需求。

二、分步图解

本书属于技能实训类的特色书籍，书中使用了大量实际操作的图片，图片能够更形象、更直观地说明要操作的内容和问题，使学习者能够更清晰、更明确地知道实训的操作过程，另外也能够自行根据图解一步一步地进行操作，达到实训的目的。

三、与时俱进

本书打破了传统的编写与教学方法，将常用低压电器的识别、检测放到相应的项目中，达到了学以致用，即学即用的目的，符合中职学生的认知规律。对于中职学生来说，排故能力是相对薄弱的环节，这也正是普测和维修电工中级工考核的重点内容。排故能力是要在日常的实训过程中积累的，本书的另一特色就是将排故训练放在每一个项目中，这样不断地训练，增强学生的排故能力。

全书总参考学时数为 120 学时（以一学期 20 周，6 课时/周计算），具体各项目及学时安排请参考下表。

要　求	项　目	学时数	
硬线	项目 1　点动控制线路的安装、调试与排故	10	42
	项目 2　自锁正转控制线路的安装、调试与排故	8	
	项目 3　点动与连续控制线路的安装、调试与排故	8	
	项目 4　接触器联锁正反转控制线路的安装、调试与排故	8	
	项目 5　接触器按钮双重联锁正反转控制线路的安装、调试与排故	8	
线槽软线	项目 6　顺序启动逆序停止控制线路的安装、调试与排故	8	60
	项目 7　自动往返控制线路的安装、调试与排故	8	
	项目 8　星—三角降压启动手动控制线路的安装、调试与排故	8	
	项目 9　星—三角降压启动自动控制线路的安装、调试与排故	10	
	项目 10　双速电动机调速控制线路的安装、调试与排故	10	
	项目 11　反接制动控制线路的安装、调试与排故	8	
	项目 12　能耗制动控制线路的安装、调试与排故	8	
软线	附录　综合控制线路的安装、调试与排故	18	18
总学时数		120	

本书由卢波、刘庆国共同编写。本书的编写得到了宁波职教教研室、余姚市职成教中心学校高级技师徐中辉、余姚市技工学校高级技师徐建纲和余姚市立新灯具公司高级工程师卢列庆的大力帮助，在此一并表示衷心感谢！

由于编者水平和经验有限，书中疏漏和不妥之处在所难免，敬请广大读者提出宝贵意见和建议。

目　录

项目描述

安装并调试完成如图 1-1 所示的三相异步电动机点动控制线路，然后通电试车，最后进行模拟排故训练。

图 1-1　电动机点动控制接线效果

学习目标

● 熟悉转换开关、熔断器、接触器、按钮等低压电器的图形和文字符号及基本结构。

● 熟知点动控制线路的原理图和工作原理。

● 掌握点动控制线路的安装、调试和排故。

1.1　　相关知识：转换开关、熔断器、交流接触器与按钮

1　转换开关

转换开关又称为组合开关，其实质是一种特殊刀开关。转换开关的操作手柄可以在平行于其安装面的平面内向右或向左转动 90°，多用在机床电气控制线路中，作为电源的引入开关或隔离开关。

（1）转换开关实物与基本结构图

HZ10-10/3 转换开关的外形与基本结构，如图 1-2 所示。

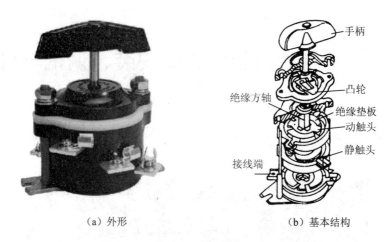

（a）外形 （b）基本结构

图 1-2 HZ10-10/3 转换开关外形与基本结构

（2）转换开关图形与文字符号

转换开关图形与文字符号，如图 1-3 所示。

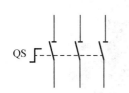

图 1-3 转换开关图形与文字符号

2 熔断器

电力拖动系统中的熔断器是一种保护电器。使用时，熔断器串接在所保护的电路中，当该电路发生短路故障时，起到保护作用。当电路正常工作时，熔体相当于一根导线，允许通过一定的电流而不熔断；当电路发生短路故障时，熔体中流过很大的电流使熔体立即熔断，切断电源使电动机停转，从而保护了电动机及其他电器设备。

（1）熔断器实物与基本结构图

RL1-15 系列螺旋式熔断器外形与基本结构，如图 1-4 所示。

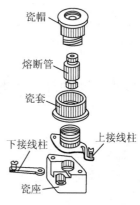

（a）外形 （b）基本结构

图 1-4 RL1-15 系列螺旋式熔断器外形与基本结构

（2）熔断器图形与文字符号

熔断器图形与文字符号，如图 1-5 所示。

FU

图 1-5   熔断器图形与文字符号

（3）短路保护

当电动机绕组绝缘损坏、控制电路操作不当引起短路时，线路中将产生很大的短路电流，致使电动机、线路等电气设备严重损坏，甚至导致电器火灾事故。所以在发生短路故障时，保护电器应立即动作，迅速切断电源，从而保证电气设备的安全使用。

3   交流接触器

接触器是用来频繁地遥控接通或断开主电路及控制电路的自动控制电器。接触器具有欠电压、失电压保护功能，具有操作频率高、工作可靠、性能稳定、使用寿命长、维护方便等优点，在电力拖动系统中被广泛应用。

接触器是电气控制系统中一种重要的低压电器。接触器按分断电流种类可分为交流接触器和直流接触器两种。本书所有项目使用的都是交流接触器，所以在此主要介绍交流接触器。

（1）交流接触器实物与基本结构图

CJT1-20 系列交流接触器外形与基本结构，如图 1-6 所示。

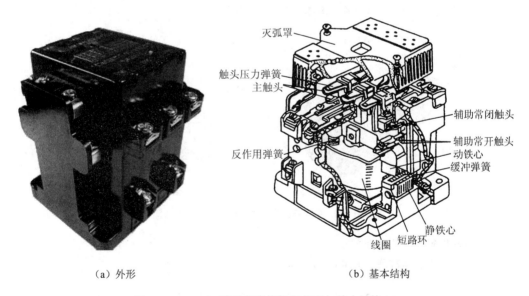

（a）外形　　　　　　　　　　（b）基本结构

图 1-6   CJT1-20 系列交流接触器外形与基本结构

（2）交流接触器图形与文字符号

交流接触器图形与文字符号，如图 1-7 所示。

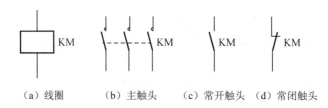

（a）线圈　　　　（b）主触头　　　（c）常开触头　（d）常闭触头

图 1-7　交流接触器图形与文字符号

（3）欠电压、失电压（零压）保护

在电气控制系统中，实现欠电压、失电压（零压）的保护电器是接触器。一般情况下当电网电压降低（即欠电压）时，或当电网停电时（即失电压或零压）时，电磁吸力也为零，接触器的复位弹簧的拉力大于电磁吸力，铁心就释放复位，同时所有触头也断开复位，切断了控制电路和主电路的电源，使电动机停止运行，实现了欠电压、失电压（零压）保护，待电网电压恢复后，需要重新启动运行电动机。

4　按钮

按钮开关是一种手动控制电路，是用来接通或分断控制电路的电器。一般情况下，由于按钮载流量小，它不直接控制主电路的通断，主要利用按钮远距离发出手动指令控制接触器、继电器等电器的动作，实现主电路的接通与分断，实现电动机启停的控制。

（1）按钮实物与基本结构图

LA4-3H 系列按钮外形与基本结构，如图 1-8 所示。

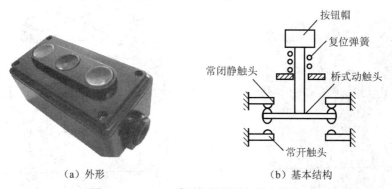

（a）外形　　　　　　　　　　　（b）基本结构

图 1-8　LA4-3H 系列按钮外形与基本结构

（2）按钮图形与文字符号

按钮图形与文字符号，如图 1-9 所示。

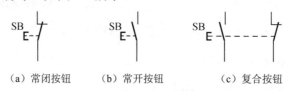

（a）常闭按钮　　　　　（b）常开按钮　　　　　　（c）复合按钮

图 1-9　按钮图形与文字符号

1.2　技能训练：装调点动控制线路并模拟排故

训练目的

按照操作步骤，设计点动控制位置图，绘制接线图，并进行实际安装与调试、通电试车、模拟排故。

操作步骤

第 1 步　读懂原理图，快速选元件

01　识读点动控制线路原理图。

点动是电力拖动控制系统中最简单的控制线路。所谓点动就是按下启动按钮，电动机得电运转；松开按钮，电动机失电停转。点动控制常用于起重机械中的电动葫芦、调整机床刀架的位置。可以简单地概括为：一点就动，不点不动。

点动控制线路，如图 1-10 所示。

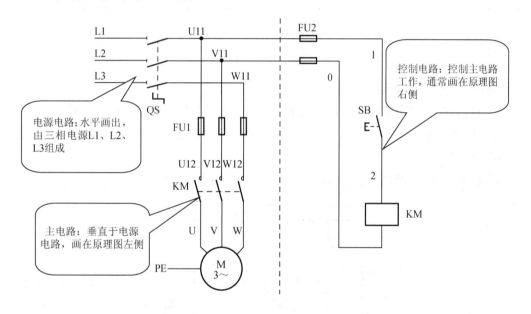

图 1-10　点动控制线路

点动控制线路工作原理：合上转换开关 QS，启动时按下按钮 SB，线圈 KM 得电，主触头 KM 闭合，电动机 M 启动运转；停止时松开按钮 SB，线圈 KM 失电，主触头 KM 断开，电动机 M 失电停转。

02　选择元器件及耗材。

根据点动控制线路原理图，列出所需的低压元器件及耗材清单，如表 1-1 所示。表 1-1 中低压元器件为训练用参考型号，应用时可根据实际情况进行相应的转换。

表 1-1　元器件明细表及耗材清单

符号	元器件名称	型号	规格	数量
M	三相异步电动机	JW6314	0.18kW，380V，0.4A，1400r/min	1 只
QS	转换开关	HZ10-10/3	三极，10A	1 个
FU1	主电路熔断器	RL1-15	380V，15A，配熔体 10 A	3 只
FU2	控制电路熔断器	RL1-15	380V，15A，配熔体 2A	2 只
KM	交流接触器	CJT1-10	10A，线圈电压 380V	1 只
SB	按钮	LA4-3H	保护式，380V，5A，按钮数为 3	1 只
XT	接线排	DT15-20	380 V，10A，20 节	1 条
	控制板		450mm×600mm×40 mm	1 块
	主电路导线	BV- 1.0	1.0mm² 红色硬铜线	若干
	控制电路导线	BV- 1.0	1.0mm² 黄色硬铜线	若干
	按钮连接线	BVR-0.75	0.75mm² 蓝色软铜线	若干
	保护接地线	BVR-1.5	1.5mm² 黄绿双色软铜线	若干
	号码管		1.5mm² 白色	若干
	螺钉		ϕ20～25mm	若干

第 2 步　巧布位置图，方便你接线

01 布置点动控制线路元器件位置图。

位置图就是根据电器元器件在控制板上的实际安装位置，而采用简化的外形符号（如正方形、矩形、圆形等）而绘制的一种简图。图中各电器的文字符号必须与电路图和接线图的标注一致。

点动控制线路元器件安装参考位置，如图 1-11 所示。

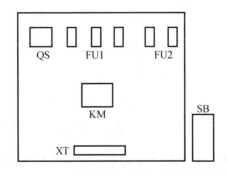

图 1-11　点动控制线路元器件安装参考位置

02 检测元器件。

安装元器件之前需要进行检测，保证元器件的可靠性，以保障电路正常运行。检验元器件的质量应在不通电的情况下，用万用表电阻挡检查各触点的分、合情况是否良好。各低压元器件检测过程，如表 1-2 所示。

表 1-2　元器件检测图解说明

内容	检测方法	检测示意图
转换开关	1. 目测接点螺钉是否脱落，若有损坏，则需更换。 2. 手柄操作是否灵活，若有卡阻现象，则需更换。 3. 数字万用表置于欧姆挡，选择"200"挡位，测量各组触点的通断。接通时电阻为"0"，断开时电阻为"无穷大"。若检测结果不符合要求，则需更换	断开时，数字万用表显示的数字为"1."，表示无穷大 接通时，数字万用表显示的数字接近于"0"，表示接通良好
熔断器	1. 目测接点螺钉是否脱落，如有损坏，则需更换熔断器。 2. 旋转是否灵活，是否有卡阻现象，若有问题，则需更换熔断器。 3. 数字万用表置于欧姆挡，选择"200"挡位，测量触点的通断。正常时为"0"，断开时为"无穷大"。若检测电阻为"无穷大"，则需更换熔体	数字万用表显示的数字为"1 ."，表示无穷大，熔体损坏 无穷大时，熔体已坏，"小红点"脱落，需更换 数字万用表显示的数字接近于"0"，说明熔体良好

续表

内容	检测方法	检测示意图
接触器	1. 目测接点螺钉是否脱落，如有损坏，则需更换接触器。观测触点是否有熔焊等现象，如有，则需更换。 2. 用螺钉旋具模拟吸合，观察触点是否顺畅，是否有卡阻现象，若有问题，则需更换。 3. 数字万用表置于欧姆挡，选择"2k"挡位，测量线圈的电阻，正常情况为 1.8 kΩ 左右，如果电阻为"0"或"无穷大"，则应更换接触器线圈。 4. 数字万用表置于欧姆挡，选择"200"挡位，测量触点的通断。常开触头正常时为"无穷大"，常闭触头正常时为"0"。当模拟吸合时，常开触头变为接通，测量值为"0"；常闭触头变为断开，测量值为"无穷大"。若测量结果不符，则需更换	线圈电阻，数字万用表测量显示的数字接近于"1.8"，说明正常 常开触头，数字万用表显示的数字为"1"，说明正常 常闭触头，数字万用表显示的数字接近于"0"，说明正常
按钮	1. 目测接点螺钉是否脱落，如有损坏，则需更换。 2. 数字万用表置于欧姆挡，选择"200"挡位，测量触点的通断。常闭触头正常时为"0"，常开触头正常时为"无穷大"	常闭触头，数字万用表显示的数字为"0"，说明正常 常开触头，数字万用表显示的数字为"1"，说明正常
接线排	1. 目测接点螺钉是否脱落，如有损坏，则需更换。 2. 数字万用表置于欧姆挡，选择"200"挡位，测量触点的通断。正常为"0"，断开为"无穷大"。若检测电阻为"无穷大"，则需更换	数字万用表显示数字为"0"，说明正常

03 安装元器件。

　　安装好元器件后的实际效果，如图 1-12 所示。

图 1-12　元器件安装好后的实际效果

第 3 步　细绘接线图，工艺尽在手

　　根据元器件位置图，形象地描绘出各元器件的各部分（形象地用符号表示出元器件实物），按照原理图进行合理的布线，认真细致地绘制电路的接线图。

　　点动控制线路参考接线，如图 1-13 所示。

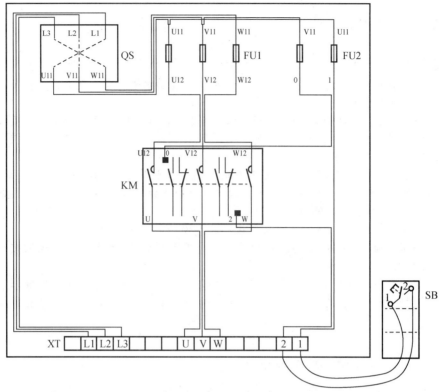

图 1-13　点动控制线路参考接线

第 4 步　慢接电路图，完美线工艺

对照点动控制线路原理图，根据绘制的参考接线图，进行合理美观的接线。接线的一般步骤：**先接控制线路，再接主电路，然后接电动机，最后接电源**。

小贴士

一、板前明线布线的工艺要求

1. 布线通道要尽可能少，同路并行导线按主、控电路分类集中，单层密排、紧贴安装面布线。

2. 同一平面的导线应高低一致、前后一致，不能交叉。非交叉不可时，该根导线接线端子引出时水平架空跨越，且必须走线合理。

3. 布线应横平竖直，分布均匀。变换走向时应垂直转向。

4. 布线时严禁损伤线芯和导线绝缘。

5. 布线时一般以接触器为中心，按由里向外、由低至高，按先控制电路、后主电路的顺序进行，以不妨碍后续布线为原则。

6. 在每根剥去绝缘层导线的两端套上编码管。所有从一个接线端子（或接线柱）到另一个接线端子（或接线柱）的导线必须连续，中间无接头。

7. 导线与接线端子（或接线柱）连接时，不得压绝缘、不反圈、露铜不可过长。

8. 同一元器件、同一回路的不同接点的导线间距离应保持一致。

9. 一个电器元器件接线端子上的连接导线不得多于两根，每节接线端子板上的连接导线一般只允许连接一根。

10. 主电路一般用红色导线，控制电路一般用黄色导线，线径粗细应根据需要选择，主电路导线线径大于控制电路导线线径。

二、接线过程中的几点说明

1. 如转换开关、熔断器接线时需要弯圈，一定要按照顺时针方向弯，当转动螺钉时接线点越拧越紧；应杜绝逆时针弯圈（即反圈），如图 1-14（a）~（d）所示。另外，当在接触器触点上接线时，如果一个触点只接一根线，一般接在旋紧螺钉时的顺时针方向；如果接两根线，则可一边各接一根线，如图 1-14（e）~（g）所示。

（a）顺圈（正确）　　（b）顺圈（正确）　　（c）反圈（错误）　　（d）反圈（错误）

（e）顺时针（正确）　　　　（f）逆时针（错误）　　　　（g）两根线（正确）

图 1-14　顺圈、反圈、顺时针、逆时针示意

2. 控制板上的接线点，剥线头时绝缘层一般不宜剥的过长和过短，过长容易造成露铜，过短容易压绝缘造成断路，所以在接线时要合理处理，如图 1-15 所示。

（a）露铜过长　　　　　　（b）压绝缘

图 1-15　露铜过长、压绝缘示意

3. 当控制板上的元器件与控制板外元器件（如按钮、电动机等）连接时，需要经过接线排 XT 过渡，用软导线连接。

4. 同电位点的连接：接线过程只要将所有同电位的点进行连接即完成了接线。如 2 个同电位点需要 1 条导线，3 个同电位点需要 2 条导线，以此类推，N 个同电位点就需要 N-1 条导线。例如，点动控制线路中，1 号线有 2 个同电位点，1 个是熔断器 FU2 的下接线柱，另一个是按钮 SB 的接线柱，只需要用 1 条导线将这两点进行连接即完成了 1 号线的连接，如图 1-16 所示。

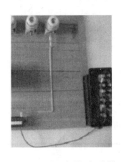

图 1-16　同电位点连接

5．上、下接线柱互换：有时为了接线的方便，将原理图中元器件上下接线柱与实际元器件上下接线柱进行互换。例如，接触器 KM 线圈，2 号线在原理图中是线圈的上接线柱，实际接线接的是线圈的下接线柱；3 号线的接线刚好相反。

点动控制线路接线过程，如表 1-3 所示。

表 1-3　接线过程图解说明

线号	操作内容说明		实际接线示意图
1号线	接线要领说明	1 号线有 2 个同电位点。将 FU2（右边）的下接线柱接到接线排过渡，再接到按钮 SB（绿色）的一端	
	原理图解说明	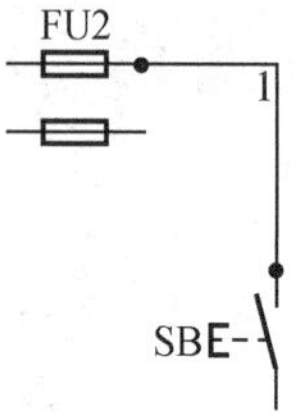 FU2	
2号线	接线要领说明	2 号线有 2 个同电位点。将按钮 SB（绿色）剩下一端先接到接线排过渡，再接到线圈 KM 的下接线柱	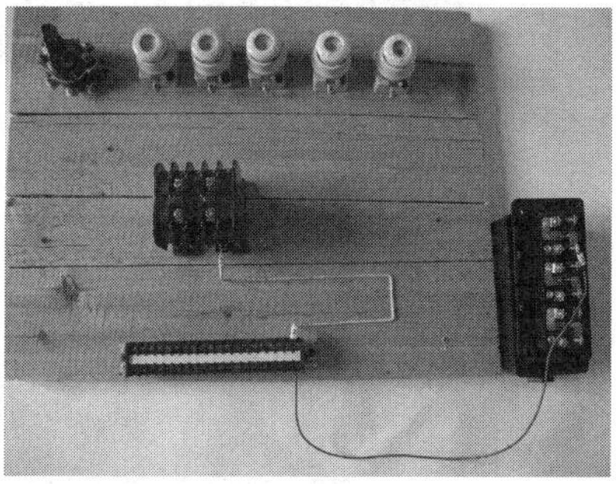
	原理图解说明	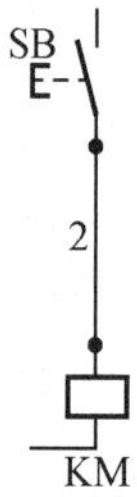 SB	
0号线	接线要领说明	0 号线有 2 个同电位点。将线圈 KM 的上接线柱接到 FU2（左边）的下接线柱，控制线路接线即完成	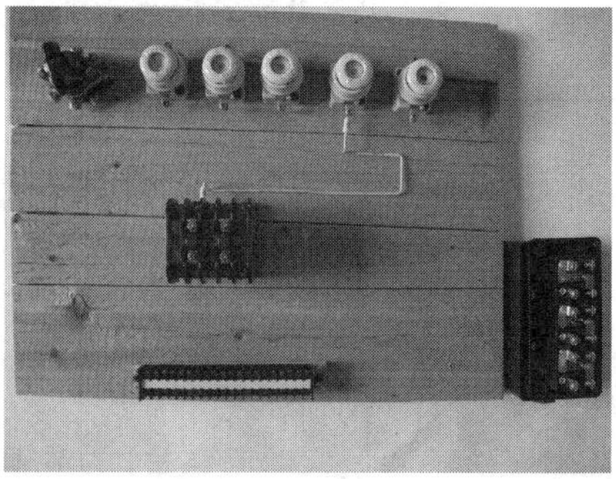
	原理图解说明	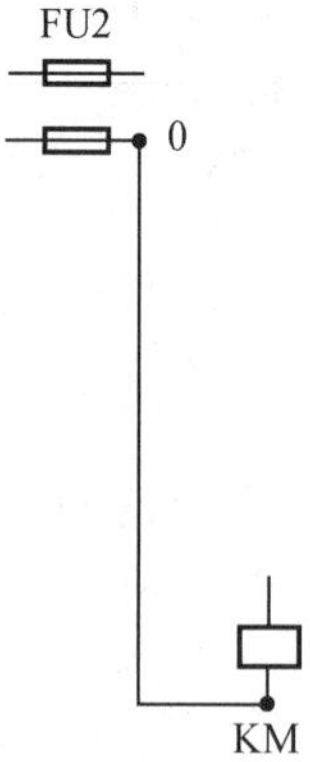 FU2	

续表

线号	操作内容说明		实际接线示意图
L1 L2 L3	接线 要领 说明	L1、L2、L3 各有 2 个同电位点，由接线排连接到转换开关 QS 上端的三个接线柱	
	原理 图解 说明	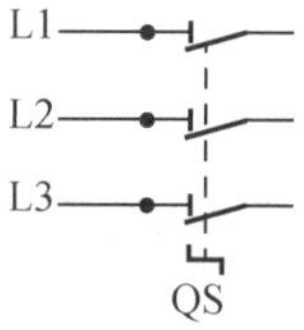	
U11 V11 W11	接线 要领 说明	U11、V11 各有 3 个同电位点，W11 有 2 同电位点。先将转换开关 QS 下端三个接线柱与主熔断器 FU1 上接线柱相接，再从熔断器 FU1 的第 1、2 个上接线柱并联接到 FU2 熔断器的上接线柱	
	原理 图解 说明	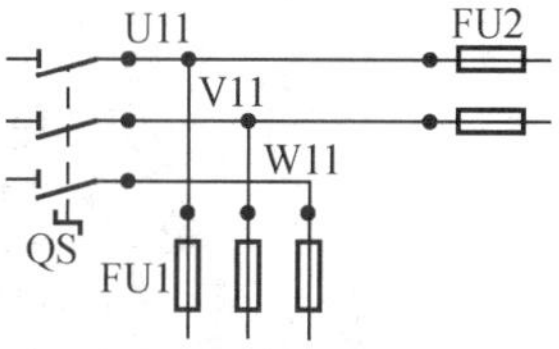	
U12 V12 W12	接线 要领 说明	U12、V12、W12 各有 2 个同电位点。将 FU1 下接线柱与接触器 KM 主触点上接线柱 (接触器第 1、3、5 个接头)相接	
	原理 图解 说明	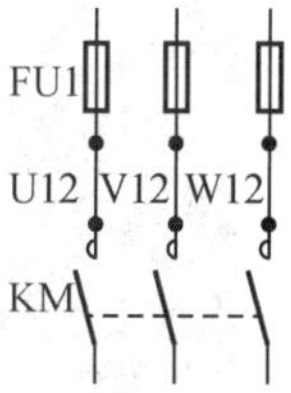	
U V W	接线 要领 说明	U、V、W 各有 2 个同电位点。将接触器 KM 主触点下接线柱接到接线排过渡，主电路即接线完成	
	原理 图解 说明	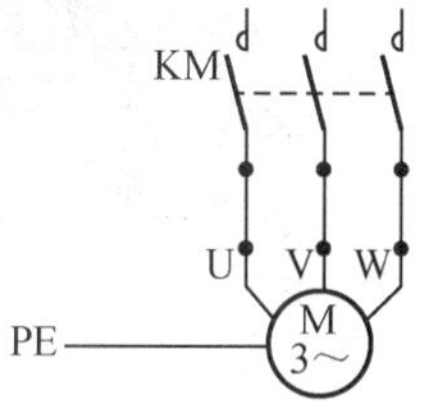	

最终完成接线后的点动控制线路实物，如图 1-1 所示。

第 5 步　活用欧姆挡，结果早知道

对于安装完成的控制线路，通电前自检是安全通电试车的重要保证。

01 目测，主要按电路原理图或绘制的接线图，逐段核对接线及接线端子处线号是否正确，有无漏接、错接。检查导线接点是否符合要求，有无反圈、露铜过长、压绝缘等故障，接点接触是否良好等。

02 应用数字万用表进行检测，主要检测熔断器的通断、控制电路的通断及部分触点的通断情况。数字万用表自检操作方法，如表 1-4 所示。

表 1-4　数字万用表自检操作方法

内容	操作要领解析	操作示意图
检测控制线路通断情况	将数字万用表置于欧姆挡，选择"2k"挡位，红黑表笔跨接在 FU2 的下接线柱，未进行任何操作时，显示数字为"1"	
	将数字万用表置于欧姆挡，选择"2k"挡位，红黑表笔跨接在 FU2 的下接线柱，此时按下启动按钮 SB，显示数字为"1.8"左右，说明控制电路正确。 如果显示为其他数值，则说明控制电路有问题，需要进行维修	
检测熔断器通断情况	目测熔断器红点是否脱落，脱落表明熔体已经断开，若脱落则需更换	红点已经脱落
	将数字万用表置于欧姆挡，选择"200"挡位，红黑表笔分别跨接于 FU1、FU2 的上、下接线柱，显示数字接近"0"，说明熔断器良好，没有问题。如果显示数字为"1"，则表示熔体损坏或断开，需要更换或修复后重新检测	

小贴士

自检时，主要检测当按钮或接触器人为动作时，熔断器 FU2 两端线圈的电阻值是否正常，线圈电阻一般为 1.8 kΩ 左右。具体操作时将数字万用表置于欧姆挡（2 kΩ 挡位），红黑表笔跨接在 FU2 的下接线柱，通过表 1-4 所示操作，如果数字万用表指示值为 1.8 kΩ 左右，则说明控制电路正确；若阻值为 0，则说明线圈短路，若阻值为无穷大，则说明线圈断路或控制电路不通，需进一步检测修复。

按照以上数字万用表自检方法检测后，如果符合要求，则说明自检合格；如果不符合要求，则需进行检修，待自检合格后，再进行第 6 步的操作。

第 6 步　旋转电动机，累后尽开颜

控制线路安装完成后，数字万用表在通电前进行全方位检测，判断电路正确后，就可以带上电动机进行实际运行，此时应在指导人员的监护下进行通电试车。严格遵照通电试车操作步骤操作，以防发生事故。

> **小贴士**
>
> 电动机通电试车操作步骤：通电步骤——先合电源开关，再合上转换开关，最后按下启动按钮或者其他功能按钮；断电步骤——先按下停止按钮或复位功能按钮，再断开转换开关，最后切断电源开关。

点动控制线路的通电试车操作步骤如下：

01　通电时，先合上三相电源开关，再合上转换开关 QS，最后按下点动按钮 SB。

02　试车完毕，断电时，先松开点动按钮 SB，再断开转换开关 QS，最后切断三相电源开关。

电动机通电试车接线效果，如图 1-17 所示。

图 1-17　电动机通电试车接线效果

第 7 步　模拟排故障，经验日积累

电气故障检修一般步骤：故障调查（故障现象）、初步确定故障范围、查找故障点、排除故障、通电运行。

电动机故障检测方法：一般"电压测量法"和"电阻测量法"混合使用。

> **小贴士**
>
> 1. 电压测量法：主要使用数字万用表的电压挡，来测量线路中各点的电压值，一般测量的是高电压，危险性较高，一定要严格按照操作规程进行操作，以确保人身安全。
> 2. 电阻测量法：主要使用数字万用表的欧姆挡，来测量各号线的同电位点的连接情况，判断其是否存在通断问题，这是判断断路故障的最有效方法。使用电阻测量法时应注意必须在断开电源的情况下进行，以保证人身安全。

在实训过程中，模拟制造故障有很多方法。例如，可以用绝缘胶带将原先接通的触点隔断，可以将连接的导线剪断，可以将损坏的元器件代替好的元器件，可以用纸片设置接触不良等方法。本书以人为设置的故障作为训练内容。

01 模拟设置故障：将坏的接触器（线圈断开）代替好的接触器。

02 描述故障现象：接通三相电源，合上 QS，按下按钮 SB，接触器不动作。

03 根据现象分析，理清排故思路。

① 控制线路没有反应，首先想到整个电路有无 380V 电压。若无，则检查电源 L1、L2、L3 供电是否正常。

② 若电压正常，则检查控制电路有无 380V 电压，即熔断器 FU2 上、下接线柱有无 380V 电压。若无，则检查熔体是否正常。

③ 若电压正常，则关闭电源用电阻测量法检查控制电路中是否有元器件损坏、连接导线是否断开等情况。

04 排故。排故过程图解，如表 1-5 所示。

表 1-5　排故过程图解说明

步骤		操作内容	图解操作步骤
第1步	操作目的	检查电源电压（380V）是否正常	
	操作说明	将数字万用表电压挡置于"750V"，两两测量 L1、L2、L3 电压，如 3 次测得的值都为 380V 左右，则电源正常；若测得的值为 0V 或者 220V 左右等，则电源存在问题。此时需要修复电源。若电压检测正常，则继续第 2 步	
第2步	操作目的	检测转换开关是否正常	
	操作说明	将数字万用表电压挡置于"750V"，两两测量转换开关下接线柱 U11、V11、V12 处电压，如 3 次测得的值都为 380V 左右，则电源正常；若测得的值为 0V 或者 220V 左右等，则转换开关存在问题。此时用数字万用表电阻挡检测转换开关的通断，如果不通，则需更换。若检测正常，则继续第 3 步	
第3步	操作目的	检测控制电路熔断器是否正常	
	操作说明	将数字万用表置于电压挡，检测 FU2 下接线柱 1、0 处电压，如测得的值为 380V，则正常。若测得的值为 0，则熔断器或熔体存在问题（目测熔体小红点是否脱落）。此时需更换熔体或旋紧熔断器。若检测正常，则继续第 4 步	

步骤		操作内容	图解操作步骤
第4步	操作目的	检查线圈电阻是否正常	
	操作说明	检测前断开电源，数字万用表置于电阻挡。将数字万用表置于"2k"挡，红黑表笔跨接在熔断器FU2的下接线柱1和0号处，按下按钮SB，检测阻值是否为1.8 kΩ左右。如测得的值为1.8 kΩ则正常，若测得的值为0，则说明控制线路存在问题。若检测到阻值无穷大，则继续第5步	
第5步	操作目的	检测1号线是否正常	
	操作说明	将数字万用表置于"200"挡，检测FU2下接线柱（右边）与SB一端是否接通。主要检测电阻值，若测得的值为0，则正常；若测得的值为无穷大，则有问题，可能存在压绝缘等故障，需排除。若检测到1号线正常，则继续第6步	
第6步	操作目的	检测2号线是否正常	
	操作说明	将数字万用表置于"200"挡，检测SB另一端与线圈KM下接线柱是否接通。主要检测电阻值，若测得的值为0，则正常；若测得的值为无穷大，则有问题，可能存在压绝缘等故障，需排除。若检测到2号线正常，则继续第7步	
第7步	操作目的	检测0号线是否正常	
	操作说明	将数字万用表置于"200"挡，检测线圈KM上接线柱与FU2下接线柱（左边）是否接通。主要检测电阻值，若测得的值为0，则正常；若测得的值为无穷大，则有问题，可能存在压绝缘等故障，需排除。若检测到0号线正常，则继续第8步	
第8步	操作目的	检测接触器线圈是否正常	
	操作说明	将数字万用表置于"2k"挡，红黑表笔跨接在线圈KM上接线柱与下接线柱，检测阻值是否为1.8 kΩ左右。最后测得阻值为无穷大，线圈断开。拧下固定螺钉，更换接触器	

05　最终判断结果：接触器线圈断开，需要更换新的接触器。

06　通电试车：按照"第6步　旋转电动机，累后尽开颜"再次试车。

1.3 考核评价：安装、调试与排故评分

安装与调试评分细则，如表1-6所示。

表1-6　安装与调试评分细则

评分内容	配分	评分标准	扣分	得分
装前检查	5分	1. 电器元器件漏检或错检，每只扣5分 2. 检查时间外更换元器件，每只扣5分		
安装元器件	15分	1. 控制板上元器件不符合要求：元器件安装不牢固（有松动），布置不整齐、不匀称、不合理，每只扣5分 2. 漏装螺钉、器件安装错误，每只扣3分 3. 损坏元器件，每只扣15分		
布线	35分	1. 布线不符合要求：主电路，每根扣3分；控制电路，每根扣2分 2. 试车正常，但不按电路图接线，扣10分 3. 接点松动、反圈、接点导线露铜过长、压绝缘层：主电路，每个扣2分；控制电路，每个扣1分 4. 主、控电路布线不平整，有弯曲，有交叉，有架空等，每处扣5分 5. 损伤导线绝缘或线芯，每根扣5分 6. 漏接接地线，扣10分		
通电试车	30分	1. 热继电器值未整定，扣10分 2. 配错熔体，主、控电路各扣5分 3. 操作顺序错误，每次扣10分 4. 第一次试车不成功，扣10分；第二次试车不成功，扣20分		
安全文明生产	15分	1. 违反安全文明生产规程，扣5分 2. 乱线敷设，加扣不安全分，扣5分 3. 实训结束后，不整理清扫工位，扣5分		
装调总分（各项内容的最高扣分不应超过配分数）				

模板排故评分细则，如表1-7所示。

表1-7　模拟排故评分细则

评分内容	配分	评分标准	扣分	得分
故障分析	30分	1. 故障现象不明确，故障分析排故思路不正确，每个扣10分 2. 标错电路故障范围，每个扣10分		
排除故障	60分	1. 停电不验电，扣5分 2. 工具及仪表使用不当，每次扣5分 3. 排除故障的顺序不对，扣5~10分 4. 不能查出故障点，每个扣20分 5. 查出故障点，但不能排除，每个扣10分 6. 产生新的故障：不能排除，每个扣30分；已经排除，每个扣20分 7. 损坏电动机，扣60分 8. 损坏电器元器件，或排除故障方法不正确，每只扣30分		
安全文明生产	10分	1. 违反安全文明生产规程，扣5分 2. 排故工作结束后，不整理清扫工位，扣5分		
排故总分（各项内容的最高扣分不应超过配分数）				

思考与练习

1. 什么是短路保护？

2. 什么是欠电压、失电压保护？

3. 请画出转换开关、熔断器、接触器和按钮的图形符号和文字符号。

4. 什么是点动控制？

5. 点动控制的应用场合有哪些？

6. 请画出点动控制线路原理图，并写出工作原理。

7. 分析判断图 1-18 所示的控制线路能否实现点动控制。若不能，请说明原因或出现的现象。

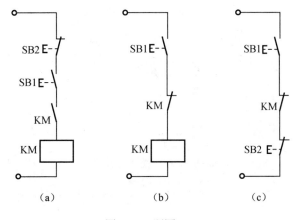

图 1-18　题图

项目 2 自锁正转控制线路的安装、调试与排故

项目描述

安装并调试完成如图 2-1 所示的电动机自锁正转控制线路，然后通电试车，最后进行模拟排故训练。

图 2-1　电动机自锁正转控制接线效果

学习目标

- 熟悉热继电器等低压电器的图形和文字符号、基本结构。
- 熟知自锁正转控制线路的原理图和工作原理。
- 掌握自锁正转控制线路的安装与调试，通电试车。
- 掌握基本排故方法。

2.1　相关知识：热继电器与过载保护的基本认识

1 热继电器

热继电器是利用电流流过继电器的发热元器件时所产生的热效应而推动触点动作的一种保护电器。热继电器主要用于电动机的过载保护。本项目中采用双金属片式热继电器。

热继电器整定电流可通过旋转整定旋钮来调节整定电流的大小，旋钮上刻有整定电流值标尺。而整定电流是指热继电器长期连续工作而刚好使热继电器不动作的最大电流值。一般情况下可以根据电动机的额定电流值的 95%～105% 进行整定。

（1）热继电器实物外形与基本结构

JR3 系列热继电器外形与基本结构，如图 2-2 所示。

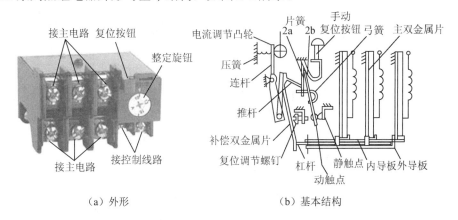

（a）外形   （b）基本结构

图 2-2 JR3 系列热继电器外形与基本结构

（2）热继电器图形与文字符号

热继电器图形与文字符号，如图 2-3 所示。

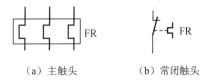

（a）主触头   （b）常闭触头

图 2-3 热继电器图形与文字符号

2 过载保护

当电动机负载过大时会使电动机的工作电流长时间超过其额定电流，电动机内绕组过热，温升过高，从而使电动机的绝缘材料老化、变脆，失去绝缘作用，严重时会使电动机损坏。常用的过载保护电器是热继电器。当电动机负载过大时，电流变大，串联接于电动机主电路中的热元器件受热后会在短时间内弯曲，使串联接于控制电路中的常闭辅助触头断开，先切断控制电路，使接触器失电，所有触点复位，而后切断主电路的电源，使电动机停止运转，达到保护电动机的目的。

2.2 技能训练：装调自锁正转控制线路并模拟排故

训练目的

按照操作步骤，设计自锁控制线路位置图，绘制接线图，并进行实际安装与调试、通电试车、模拟排故。

操作步骤

第 1 步 读懂原理图，快速选元件

01 识读自锁正转控制线路原理图。

在传统的水泵抽水和机床加工线路中，接触器正转自锁控制线路具有广泛的应用。自锁就是当启动按钮松开后，接触器通过自身的辅助常开触头使其线圈保持得电动作。

图 2-4 所示为自锁正转控制线路，线路中 FU1、FU2 用于主控电路的短路保护，热继

电器 FR 用于电路的过载保护，QS 为电源的隔离开关，按钮 SB1 为启动按钮，按钮 SB2 控制电动机的停止，接触器 KM 控制电动机的得电和失电，其常开辅助触头起自锁作用。

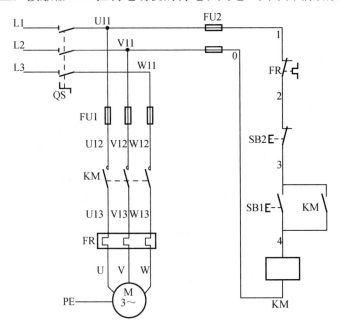

图 2-4　自锁正转控制线路

自锁正转控制线路工作原理如下：

首先，合上转换开关 QS。

【启动控制】

按下启动按钮 SB1 ── 线圈 KM 得电 ── KM 常开辅助触头闭合自锁 ── 电动机 M 连续运转。

── KM 主触头闭合 ──

【停止控制】

按下停止按钮 SB2 ── 线圈 KM 失电 ── KM 所有触头复位 ── 电动机 M 停转。

02 选择元器件及耗材。

根据自锁正转控制线路原理图，列出所需的低压元器件及耗材清单，如表 2-1 所示。表 2-1 中低压元器件为训练用参考型号，应用时可根据实际情况进行相应的转换。

表 2-1　元器件明细表及耗材清单

符号	元器件名称	型号	规格	数量
M	三相异步电动机	JW6314	0.18kW，380V，0.4A，1400r/min	1 只
QS	转换开关	HZ10-10/3	三极，10A	1 个
FU1	主电路熔断器	RL1-15	380V，15A，配熔体 10 A	3 只
FU2	控制电路熔断器	RL1-15	380V，15A，配熔体 2A	2 只

续表

符号	元器件名称	型号	规格	数量
KM	交流接触器	CJT1-10	10A，线圈电压 380V	1 只
FR	热继电器	JR36-20	额定电流 20A，1.5～2.4A	1 只
SB	按钮	LA4-3H	保护式，380V，5A，按钮数 3	1 只
XT	接线排	DT15-20	380 V，10A，20 节	1 条
	控制板		450mm×600mm×40 mm	1 块
	主电路导线	BV- 1.0	1.0mm² 红色硬铜线	若干
	控制电路导线	BV- 1.0	1.0mm² 黄色硬铜线	若干
	按钮连接线	BVR-0.75	0.75mm² 蓝色软铜线	若干
	保护接地线	BVR- 1.5	1.5mm² 黄绿双色软铜线	若干
	号码管		1.5mm² 白色	若干
	螺钉		φ20～25mm	若干

第 2 步　巧布位置图，方便你接线

01　布置自锁正转控制线路元器件位置图。

位置图就是根据电器元器件在控制板上的实际安装位置，而采用简化的外形符号（如正方形、矩形、圆形等）而绘制的一种简图。图中各电器的文字符号必须与电路图和接线图的标注一致。

自锁正转控制线路元器件安装参考位置，如图 2-5 所示。

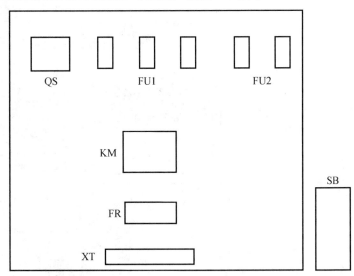

图 2-5　自锁正转控制线路元器件安装参考位置图

02　检测元器件。

安装元器件之前需要进行检测，保证元器件的可靠性，以保障电路正常运行。检验元器件的质量应在不通电的情况下，用数字万用表欧姆挡检查各触点的分、合情况是否良好。各低压元器件检测过程，如表 1-2 所示。热继电器检测方法，如表 2-2 所示。

表 2-2　热继电器检测图解说明

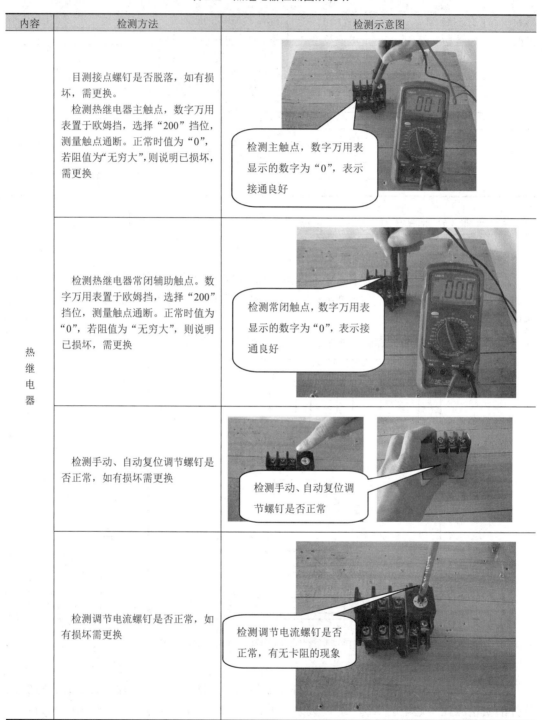

内容	检测方法	检测示意图
热继电器	目测接点螺钉是否脱落，如有损坏，需更换。 检测热继电器主触点，数字万用表置于欧姆挡，选择"200"挡位，测量触点通断。正常时值为"0"，若阻值为"无穷大"，则说明已损坏，需更换	检测主触点，数字万用表显示的数字为"0"，表示接通良好
	检测热继电器常闭辅助触点。数字万用表置于欧姆挡，选择"200"挡位，测量触点通断。正常时值为"0"，若阻值为"无穷大"，则说明已损坏，需更换	检测常闭触点，数字万用表显示的数字为"0"，表示接通良好
	检测手动、自动复位调节螺钉是否正常，如有损坏需更换	检测手动、自动复位调节螺钉是否正常
	检测调节电流螺钉是否正常，如有损坏需更换	检测调节电流螺钉是否正常，有无卡阻的现象

03 安装元器件。

安装好元器件后的实际效果，如图 2-6 所示。

图 2-6　元器件安装好后的效果

第 3 步　细绘接线图，工艺尽在手

根据元器件位置图，形象地描绘出各元器件的各部分（形象地用符号表示出元器件实物），按照原理图进行合理的布线，认真细致地绘制电路的接线图。

自锁正转控制线路参考接线，如图 2-7 所示。

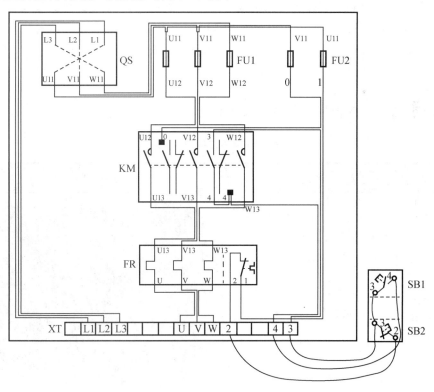

图 2-7　自锁正转控制线路参考接线

第4步 慢接电路图，完美线工艺

对照自锁正转控制线路原理图，根据绘制的参考接线图，进行合理美观的接线。接线的一般步骤：**先接控制线路，再接主电路，然后接电动机，最后接电源**。

> **小贴士**
>
> 就近原则：当接线过程中控制板上（如接触器、热继电器、时间继电器等）和控制板外（如按钮、行程开关等）有多个同电位点需要连接时，先对控制板内或者控制板外的同电位点进行连接，再经过接线排进行连接，这就是就近原则，如图2-8所示。
>
>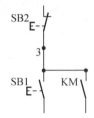
>
> 图2-8 就近原则示例
>
> 例如，自锁正转控制线路中的3号线是由同电位点停止按钮SB2的一端、启动按钮SB1的一端和接触器常开辅助触头KM的一端进行连接的，在连接的过程中先连接按钮盒内SB2和SB1一端，然后引出1条线经过接线排与接触器常开辅助触头KM的一端进行连接，完成3号线的连接。同理，4号线也要应用就近原则。

自锁正转控制线路接线过程，如表2-3所示。

表2-3 接线过程图解说明

线号	操作内容说明		实际接线示意图
1号线	接线要领说明	1号线有2个同电位点。将FU2（右边）的下接线柱连接到FR（右边）的接线柱上	
	原理图解说明	FU2 ———— 1 ———— FR	

续表

线号		操作内容说明	实际接线示意图
2 号线	接线要领说明	2 号线有 2 个同电位点。将 FR（左边）接线柱先连接到接线排，再连接到 SB2（红色）常闭触点的其中一端	
	原理图解说明	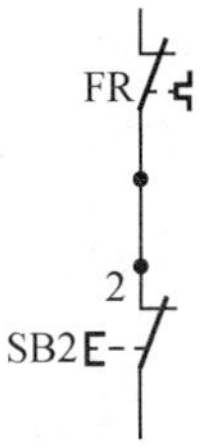 FR ╱ ┤┥ ● 2 SB2 E-┤	
3 号线	接线要领说明	3 号线有 3 个同电位点。先将 SB2（红色）剩余一端与 SB1（绿色）的常开触点其中一端相接，再接到接线排过渡，然后接到 KM 常开触头（第 4 个接头）上接线柱	
	原理图解说明	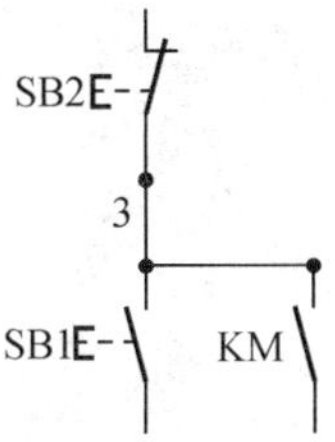 SB2 E-┤ 3 SB1 E-╲ KM ╲	
4 号线	接线要领说明	4 号线有 3 个同电位点。先将 KM 常开触点（第 4 个接头）下接线柱与线圈 KM 下接线柱相接，再接到接线排过渡，然后接到 SB1（绿色）常开触点的剩余一端	
	原理图解说明	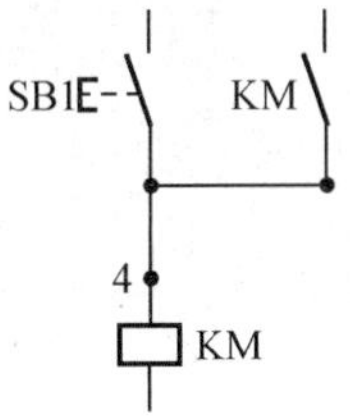 SB1 E-╲ KM ╲ 4 ▭ KM	

线号	操作内容说明		实际接线示意图
0号线	接线要领说明	0 号线有 2 个同电位点。将线圈 KM 的上接线柱连接到 FU2（左边）下接线柱。控制线路接线即可完成	
	原理图解说明	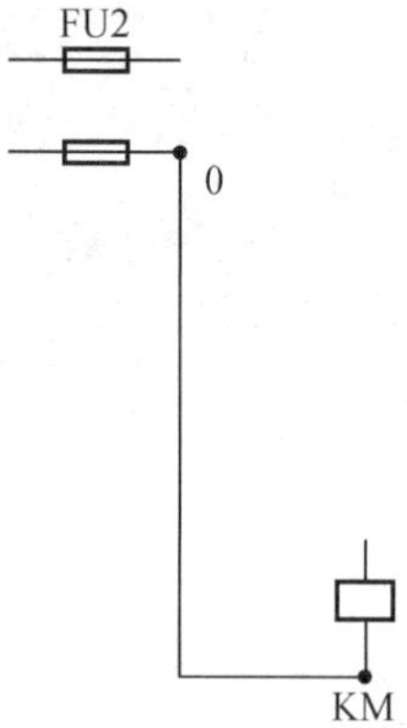	
L1 L2 L3	接线要领说明	L1、L2、L3 各有 2 个同电位点。将其由接线排接到转换开关 QS 上端 3 个接线柱	
	原理图解说明	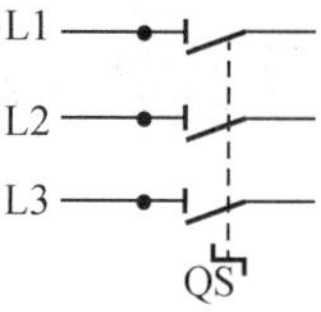	
U11 V11 W11	接线要领说明	U11、V11 各有 3 个同电位点，W11 有 2 个同电位点，先将 QS 下端 3 个接线柱与 FU1 上接线柱分别相接，再从 FU1 的第 1、2 个上接线柱并联接到 FU2（右边、左边）上接线柱	
	原理图解说明	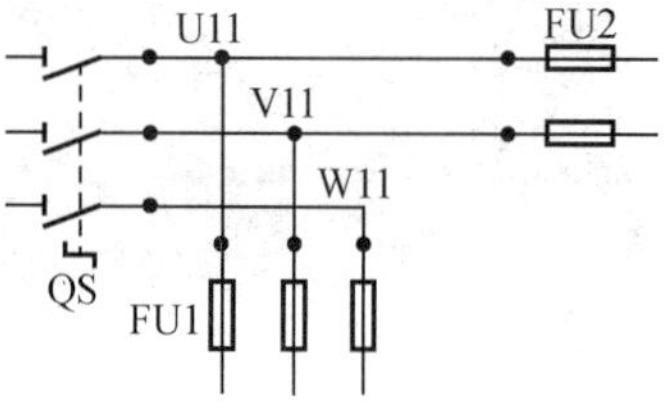	

线号	操作内容说明		实际接线示意图
U12 V12 W12	接线 要领 说明	U12、V12、W12 各有 2 个同电位点。将 FU1 下接线柱与 KM 主触点(第 1、3、5 个接头)上接线柱相接	
	原理 图解 说明	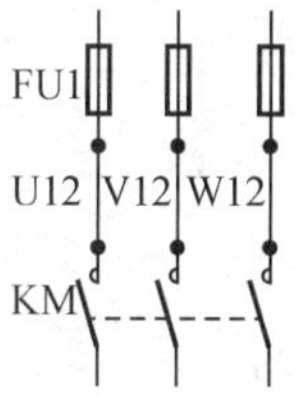 FU1　U12 V12 W12　KM	
U13 V13 W13	接线 要领 说明	U13、V13、W13 各有 2 个同电位点。将 KM 主触点(第 1、3、5 个接头)与 FR 主触点对应相接	
	原理 图解 说明	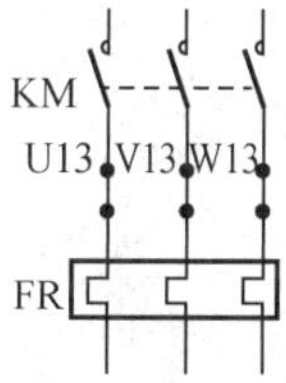 KM　U13 V13 W13　FR	
U V W	接线 要领 说明	U、V、W 各有 2 个同电位点。将 FR 主触点下接线柱先接到接线排过渡，再接三相电动机 M。主电路接线即可完成	
	原理 图解 说明	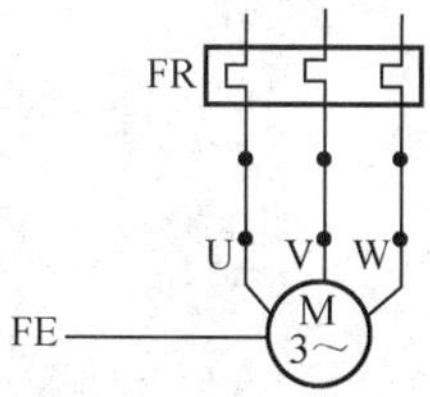 FR　U V W　FE　M 3~	

最终完成接线后的自锁正转控制线路实物，如图 2-1 所示。

第 5 步　活用欧姆挡，结果早知道

对于安装完成的控制线路，通电前自检是安全通电试车的重要保证。

01　目测，主要按电路原理图或绘制的接线图，逐段核对接线及接线端子处线号是否正确，有无漏接、错接。检查导线接点是否符合要求，有无反圈、露铜过长、压绝缘等故障，接点接触是否良好等。

02　应用数字万用表进行检测，主要检测熔断器的通断、控制电路的通断及部分触点

的通断情况。熔断器通断自检，如表 1-4 所示。数字万用表自检操作方法，如表 2-4 所示。

表 2-4　自锁控制线路数字万用表自检操作方法

自检内容	操作要领解析	操作示意图
检测控制线路通断情况	将数字万用表置于欧姆挡，选择"2k"挡位，红黑表笔跨接在 FU2 的下接线柱，未进行任何操作时，显示的数字为"1"	
	将数字万用表置于欧姆挡，选择"2k"挡位，红黑表笔跨接在 FU2 的下接线柱，此时按下启动按钮 SB1，显示的数字为"1.8"左右，说明控制电路正确。 如果显示为其他数值，则说明控制电路有问题，需要进行维修	
	将数字万用表置于欧姆挡，选择"2k"挡位，红黑表笔跨接在 FU2 的下接线柱，此时用螺钉旋具使 KM 动作，显示的数字为"1.8"左右，说明控制电路正确。 如果显示为其他数值，则说明控制电路有问题，需要进行维修	

小贴士

　　自检时，主要检测当按钮或接触器人为动作时，熔断器 FU2 两端检测的线圈的电阻值是否正常。具体操作时将数字万用表置于欧姆挡（2k 挡位），红黑表笔跨接在 FU2 的下接线柱，通过表 2-4 的操作，如果数字万用表指示值为 $1.8\,k\Omega$ 左右，那么说明控制电路正确；若阻值为 0，则说明线圈短路；若阻值为无穷大，则说明线圈断路或控制电路不通，需进一步检测修复。

按照以上数字万用表自检方法检测后，如果符合要求，则说明自检合格；如果不符合要求，则需进行检修，待自检合格后，再进行第 6 步的操作。

第 6 步   旋转电动机，累后尽开颜

自锁正转控制线路的通电试车操作步骤如下：

01 通电时，先合上三相电源开关，再合上转换开关 QS，最后按下启动按钮 SB1。

02 试车完毕断电时，先按下停止按钮 SB2，再断开转换开关 QS，最后切断三相电源开关。

电动机通电试车操作效果，如图 2-9 所示。

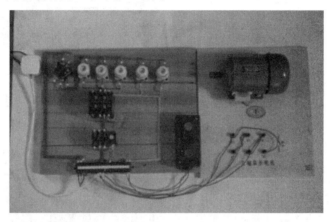

图 2-9   电动机通电试车操作效果

第 7 步   模拟排故障，经验日积累

在实训过程中，模拟制造故障有很多方法。例如，可以用绝缘胶带将原先接通的触点隔断，可以将连接的导线剪断，可以以损坏的元器件代替好的元器件，可以用纸片设置接触不良等。本书以人为制造的故障作为训练内容。

01 模拟设置故障：KM 自锁常开触点下接线柱（4 号线）压绝缘。

02 描述故障现象：通上电源，合上 QS，按下启动按钮 SB1，接触器吸合，电动机动作；松开启动按钮 SB1，接触器复位，电动机停止，自锁线路变成点动现象。

03 根据现象分析，理清排故思路。

① 电动机能够运行，电源电压没有问题。

② 按下启动按钮，电动机能够运行，但是不能自锁，问题出现在 KM 自锁常开触点上，所以只要检查 3 号线与 4 号线是否接通即可。

04 排故。排故过程图解，如表 2-5 所示。

05 最终判断结果：4 号线断开（自锁常开触点压绝缘）。

06 通电试车：按照"第 6 步   旋转电动机，累后尽开颜"再次进行试车。

表 2-5 排故过程图解说明

步骤	操作内容		图解操作步骤
第1步	操作目的	检查 3 号线是否存在问题	
	操作说明	数字万用表置于欧姆挡，选择"200"挡位，检测接线排上的 3 号线与接触器 KM 常开辅助触头（第 4 个接头）上接线柱的 3 号线是否接通，实测显示数值接近于"0"，说明 3 号线没有问题	
第2步	操作目的	检查 4 号线是否存在问题	
	操作说明	数字万用表置于欧姆挡，选择"200"挡位，检测接线排上的 4 号线与接触器 KM 下接线柱是否接通，实测显示值接近于"0"，说明没有问题	
第3步	操作目的	检查 4 号线是否存在问题	
	操作说明	数字万用表置于欧姆挡，选择"200"挡位，检测接线排上的 4 号线与接触器 KM 常开辅助触头（第 4 个接头）下接线柱是否接通，实测显示值为"1"，说明断开，存在问题。检测说明：KM 自锁常开下接线柱未接通	

2.3 考核评价：安装、调试与排故评分

安装与调试评分细则，如表 2-6 所示。

表 2-6　安装与调试评分细则

评分内容	配分	评分标准	扣分	得分
装前检查	5 分	1. 电器元器件漏检或错检，每只扣 5 分 2. 检查时间外更换元器件，每只扣 5 分		
安装元器件	15 分	1. 控制板上元器件不符合要求：元器件安装不牢固（有松动），布置不整齐、不匀称、不合理，每只扣 5 分 2. 漏装螺钉、元器件安装错误，每只扣 3 分 3. 损坏元器件，每只扣 15 分		
布线	35 分	1. 布线不符合要求：主电路，每根扣 3 分；控制电路，每根扣 2 分 2. 试车正常，但不按电路图接线，扣 10 分 3. 接点松动、反圈、接点导线露铜过长、压绝缘层：主电路，每个扣 2 分；控制电路，每个扣 1 分 4. 主、控电路布线不平整，有弯曲，有交叉，有架空等，每处扣 5 分 5. 损伤导线绝缘或线芯，每根扣 5 分 6. 漏接地线，扣 10 分		
通电试车	30 分	1. 热继电器值未整定，扣 10 分 2. 配错熔体，主、控电路各扣 5 分 3. 操作顺序错误，每次扣 10 分 4. 第一次试车不成功，扣 10 分；第二次试车不成功，扣 20 分		
安全文明生产	15 分	1. 违反安全文明生产规程，扣 5 分 2. 乱线敷设，加扣不安全分，扣 5 分 3. 实训结束后，不整理清扫工位，扣 5 分		
装调总分（各项内容的最高扣分不应超过配分数）				

模拟排故评分细则，如表 2-7 所示。

表 2-7　模拟排故评分细则

评分内容	配分	评分标准	扣分	得分
故障分析	30 分	1. 故障现象不明确，故障分析排故思路不正确，每个扣 10 分 2. 标错电路故障范围，每个扣 10 分		
排除故障	60 分	1. 停电不验电，扣 5 分 2. 工具及仪表使用不当，每次扣 5 分 3. 排除故障的顺序不对，扣 5~10 分 4.不能查出故障点，每个扣 20 分 5. 查出故障点，但不能排除，每个扣 10 分 6. 产生新的故障：不能排除，每个扣 30 分；已经排除，每个扣 20 分 7. 损坏电动机，扣 60 分 8. 损坏电器元器件，或排除故障方法不正确，每只扣 30 分		
安全文明生产	10 分	1. 违反安全文明生产规程，扣 5 分 2. 排故工作结束后，不整理清扫工位，扣 5 分		
排故总分（各项内容的最高扣分不应超过配分数）				

● 思考与练习 ●

1. 什么是自锁？在控制线路中如何实现自锁控制？

2. 什么是过载保护？在控制线路中如何实现过载保护？

3. 分析判断图 2-10 所示的控制线路能否实现自锁控制。若不能，请说明原因或出现的现象。

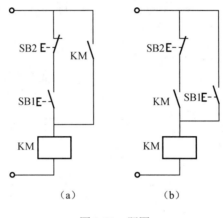

（a）　　　　　　（b）

图 2-10　题图

项目 *3* 点动与连续控制线路的安装、调试与排故

项目描述

安装并调试完成如图 3-1 所示的电动机点动与连续控制线路，然后通电试车，最后进行模拟排故训练。

图 3-1 电动机点动与连续控制接线效果

学习目标

● 熟知点动与连续控制线路的原理图和工作原理。

● 掌握点动与连续控制线路的安装与调试，通电试车。

● 掌握基本排故方法。

3.1 技能训练：装调点动与连续控制线路并模拟排故

训练目的

按照操作步骤，设计点动与连续控制线路位置图，绘制接线图，并进行实际安装与调试、通电试车、模拟排故。

操作步骤

第1步 读懂原理图，快速选元件

01 识读点动与连续控制线路原理图。

机床设备在正常工作时，电动机一般处于连续运转状态；但在试车或调整刀具与工件的相对位置时，需要电动机点动控制，实现这种工艺要求的控制线路是点动与连续混合控制线路。

点动与连续控制线路，如图3-2所示。

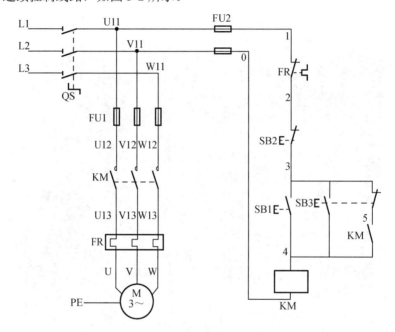

图3-2 点动与连续控制线路

点动与连续控制线路工作原理结合了点动控制与自锁正转控制线路工作原理。图中SB1为连续运行时的启动按钮，SB2为停止按钮，SB3为点动控制按钮。读者可自行分析其工作原理。

02 选择元器件及耗材。

根据点动与连续控制线路原理图，列出所需的低压元器件及耗材清单，如表3-1所示。表3-1中低压元器件为训练用参考型号，应用时可根据实际情况进行相应的转换。

表3-1 元器件明细表及耗材清单

符号	元器件名称	型号	规格	数量
M	三相异步电动机	JW6314	0.18kW，380V，0.4A，1400r/min	1只
QS	转换开关	HZ10-10/3	三极，10A	1个
FU1	主电路熔断器	RL1-15	380V，15A，配熔体10 A	3只
FU2	控制电路熔断器	RL1-15	380V，15A，配熔体2A	2只
KM	交流接触器	CJT1-10	10A，线圈电压380V	1只

续表

符号	元器件名称	型号	规格	数量
FR	热继电器	JR36-20	额定电流 20A，1.5~2.4A	1 只
SB	按钮	LA4-3H	保护式，380V，5A，按钮数 3	1 只
XT	接线排	DT15-20	380 V，10A，20 节	1 条
	控制板		450mm×600mm×40 mm	1 块
	主电路导线	BV- 1.0	1.0mm² 红色硬铜线	若干
	控制电路导线	BV- 1.0	1.0mm² 黄色硬铜线	若干
	按钮连接线	BVR-0.75	0.75mm² 蓝色软铜线	若干
	保护接地线	BVR- 1.5	1.5mm² 黄绿双色软铜线	若干
	号码管		1.5mm² 白色	若干
	螺钉		$\phi 20\sim25$mm	若干

第 2 步　巧布位置图，方便你接线

01 布置点动与连续控制线路元器件位置图。

位置图就是根据电器元器件在控制板上的实际安装位置，而采用简化的外形符号（如正方形、矩形、圆形等）而绘制的一种简图。图中各电器的文字符号必须与电路图和接线图的标注一致。

点动与连续控制线路元器件安装参考位置，如图 3-3 所示。

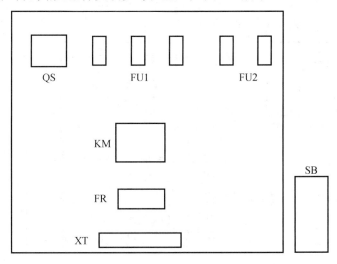

图 3-3　点动与连续控制线路元器件安装参考位置

02 检测元器件。

安装元器件之前需要进行检测，保证元器件的可靠性，保障电路正常运行。检验元器件的质量应在不通电的情况下，用数字万用表电阻挡检查各触点的分、合情况是否良好。各低压元器件检测过程如表 1-2 和表 2-2 所示。

03 安装元器件。

安装好元器件后的实际效果，如图 3-4 所示。

图 3-4　元器件安装好后的效果

第 3 步　细绘接线图，工艺尽在手

根据元器件位置图，形象地描绘出各元器件的各部分（形象地用符号表示出元器件实物），按照原理图进行合理的布线，认真细致地绘制电路的接线图。

点动与连续控制线路参考接线，如图 3-5 所示。

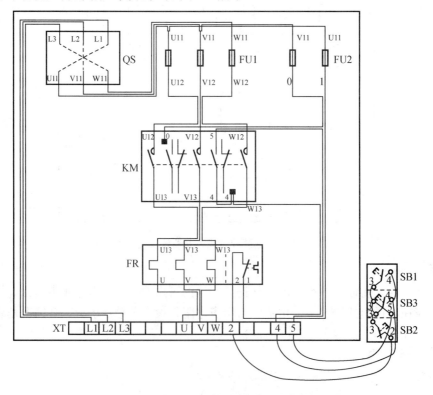

图 3-5　点动与连续控制线路参考接线

第 4 步	慢接电路图，完美线工艺

对照点动与连续控制线路原理图，根据绘制的参考接线图，进行合理美观的接线。接线的一般步骤：**先接控制线路，再接主电路，然后接电动机，最后接电源**。点动与连续控制线路接线过程，如表 3-2 所示。

表 3-2　接线过程图解说明

线号	操作内容说明		实际接线示意图
1 号线	接线要领说明	1 号线有 2 个同电位点。将 FU2（右边）的下接线柱接到 FR（右边）的接线柱上	
	原理图解说明	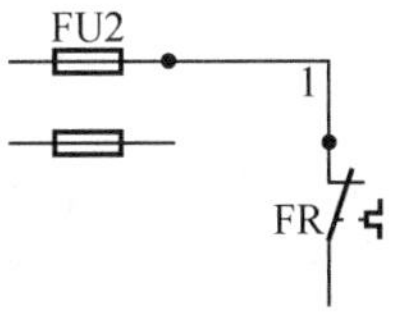 FU2　1　FR	
2 号线	接线要领说明	2 号线有 2 个同电位点。将 FR（左边）接线柱接到接线排过渡，再接到 SB2（红色）的其中一端	
	原理图解说明	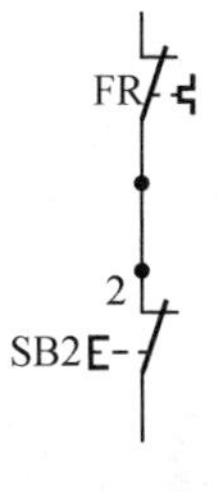 FR　2　SB2E	
3 号线	接线要领说明	3 号线有 4 个同电位点。将 SB2 的剩余一端分别与 SB1(绿色)、SB3（黑色）的常开和常闭触点的其中一端进行连接。3 号导线接线都在按钮盒内	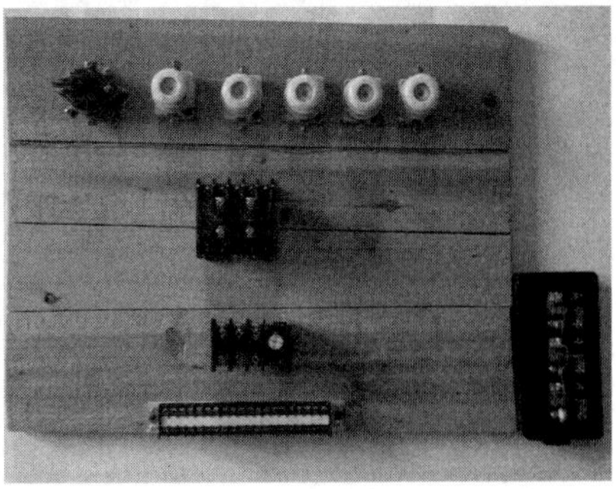
	原理图解说明	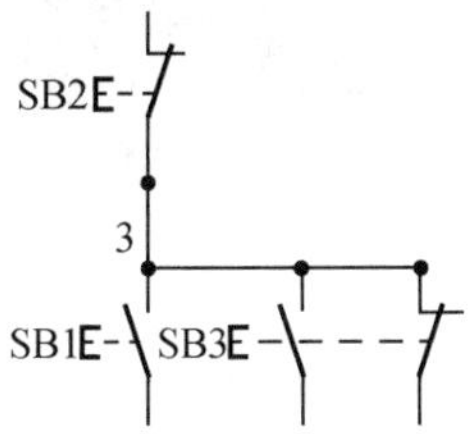 SB2E　3　SB1E　SB3E	

线号	操作内容说明		实际接线示意图
4号线	接线要领说明	4号线有4个同电位点。先将SB1（绿色）与SB3（黑色）常开触点的剩余一端连接起来，连接到接线排过渡，再将KM常开触点（第4个接头）下接线柱与线圈KM下接线柱连接，与接线排同电位点连接	
	原理图解说明		
5号线	接线要领说明	5号线有2个同电位点。将SB3（黑色）剩余一端经过接线排过渡，与KM常开触点（第4个接头）上接线柱进行连接	
	原理图解说明		
0号线	接线要领说明	0号线有2个同电位点。将KM线圈的上接线柱接到FU2（左边）的下接线柱。控制线路接线即可完成	
	原理图解说明		

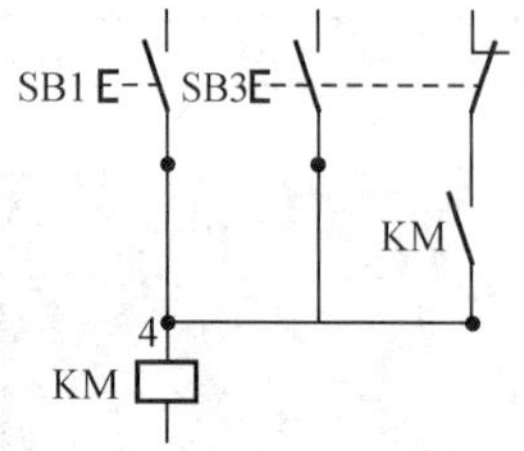

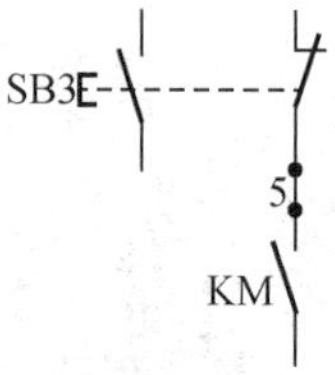

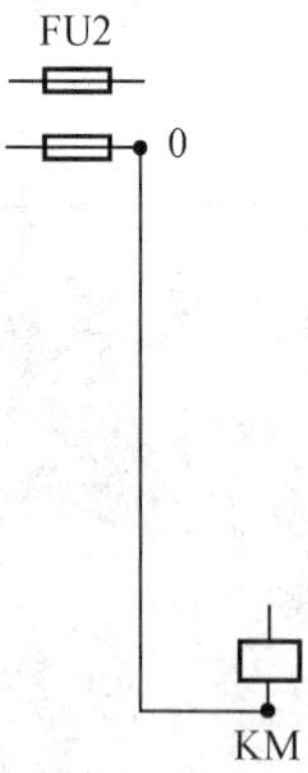

点动与连续控制线路的主电路接线过程与项目2自锁正转控制线路主电路相同。
最终完成接线后的点动与连续控制线路实物，如图3-1所示。

第 5 步　活用欧姆挡，结果早知道

对于安装完成的控制线路，通电前自检是安全通电试车的重要保证。

01　目测，主要按电路原理图或绘制的接线图，逐段核对接线及接线端子处线号是否正确，有无漏接、错接。检查导线接点是否符合要求，有无反圈、露铜过长、压绝缘等故障，接点接触是否良好等。

02　应用数字万用表进行检测，主要检测熔断器的通断、控制电路的通断及部分触点的通断情况。熔断器通断情况自检，如表 1-4 所示。自检操作方法，如表 3-3 所示。

表 3-3　点动与连续控制线路数字万用表自检操作方法

自检内容	操作要领解析	操作示意图
检测控制线路通断情况	将数字万用表置于欧姆挡，选择"2k"挡位，红黑表笔跨接在 FU2 的下接线柱，未进行任何操作时，显示的数字为"1"	
	将数字万用表置于欧姆挡，选择"2k"挡位，红黑表笔跨接在 FU2 的下接线柱，此时按下连续启动按钮 SB1(绿色)，显示的数字为"1.8"左右，说明控制电路正确。 如果显示为其他数值，则说明控制电路有问题，需要进行维修	
检测控制线路通断情况	将数字万用表置于欧姆挡，选择"2k"挡位，红黑表笔跨接在 FU2 的下接线柱，此时按下点动按钮 SB1(黑色)，显示的数字为"1.8"左右，则说明控制电路正确。 如果显示为其他数值，则说明控制电路有问题，需要进行维修	

续表

自检内容	操作要领解析	操作方法
检测控制线路通断情况	将数字万用表置于欧姆挡，选择"2k"挡位，红黑表笔跨接在 FU2 的下接线柱，此时使 KM 动作，显示的数字为"1.8"左右，则说明控制电路正确。 如果显示为其他数值，则说明控制电路有问题，需要进行维修	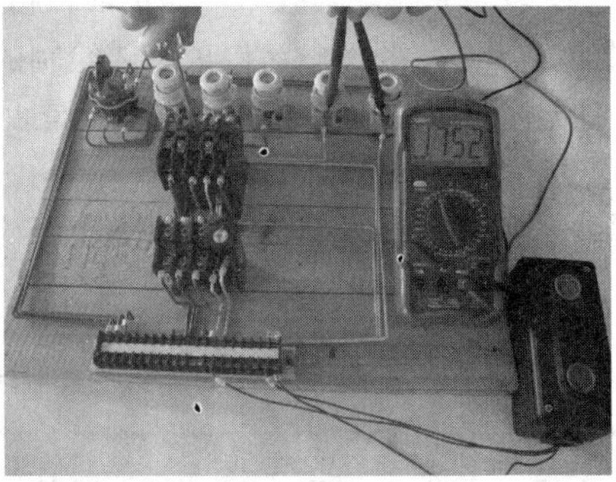

小贴士

自检时，主要检测当按钮或接触器人为动作时，熔断器 FU2 两端检测的线圈的电阻值是否正常。具体操作时将数字万用表置于欧姆挡（2k 挡位），红黑表笔跨接在 FU2 的下接线柱，通过如表 3-3 所示的操作，如果数字万用表指示的阻值为 1.8 kΩ 左右，则说明控制电路正确；若阻值为 0，则说明线圈短路；若阻值为无穷大，则说明线圈断路或控制电路不通，需进一步检测修复。

按照以上数字万用表自检方法检测后，如果符合要求，则说明自检合格；如果不符合要求，则需进行检修，待自检合格后，再进行第 6 步的操作。

第 6 步　旋转电动机，累后尽开颜

点动与连续控制线路的通电试车操作步骤如下：

01 通电时，先合上三相电源开关，再合上转换开关 QS，连续运行时，按下连续启动按钮 SB1。

02 试车完毕，断电时，先按下停止按钮 SB2，再断开转换开关 QS，最后切断三相电源开关。

03 需要点动时，直接按下按钮 SB3，即能实现点动。

小贴士

在连续运行过程中，如果半按下按钮（即按钮不按到底）SB3，也能停止电动机。

电动机通电试车接线效果，如图 3-6 所示。

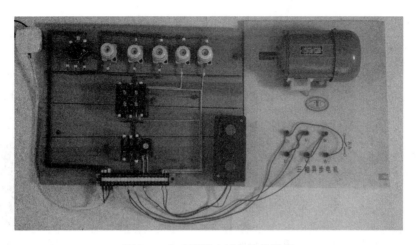

图 3-6　电动机通电试车接线效果

第 7 步　模拟排故障，经验日积累

在实训过程中，设置模拟故障有很多方法。例如，可以用绝缘胶带将原先接通的触点隔断，可以将连接的导线剪断，可以以损坏的元器件代替好的元器件，可以用纸片设置接触不良等。

01　模拟设置故障：熔断器 FU2 中的一个用纸片垫住，使其断开。

02　故障现象：通上电源，合上 QS，按下启动按钮 SB1，没有任何反应；按下点动按钮 SB3，也没有任何反应。

03　根据现象分析，理清排故思路。

按下启动按钮，线路没有任何反应，说明线路中的电源可能存在问题，查找电路 380V 电源正常与否，如果电源正常，则控制电路肯定存在问题，下一步是查找控制电路是否正常。

04　排故。图解排故过程，如表 3-4 所示。

表 3-4　排故过程图解说明

步骤	操作内容		图解操作步骤
第 1 步	操作目的	检查电源电压是否存在问题	
	操作说明	将数字万用表置于交流电压挡，选择"750V"挡位，检测输入电源是否正常，在接线排输入端两两测量电压值，显示的数字为"380V"左右，说明电源电压正常。 电压挡测量时要注意安全	

续表

步骤	操作内容		图解操作步骤
第2步	操作目的	检查控制电路的电源电压是否存在问题	
	操作说明	将数字万用表置于交流电压挡,选择"750V"挡位,检测FU2上接线端电压是否正常,检测后显示的数字为"380V"左右,说明控制电路输入电源电压正常。 电压挡测量时要注意安全	
第3步	操作目的	检查控制电路电源电压是否存在问题	
	操作说明	将数字万用表置于交流电压挡,选择"750V"挡位,检测FU2下接线端电压是否正常,检测后显示的数字为"0",说明熔断器FU2有问题。 电压挡测量时要注意安全	
第4步	操作目的	检查FU2的通断情况	
	操作说明	将数字万用表置于欧姆挡,选择"200"挡位,检测FU2上、下接线端是否通断,检测后的数字显示为"1",说明FU2左侧熔断器断开	
第5步	操作目的	查找断开原因	
	操作说明	旋开熔断器,发现因有小纸片隔开而导致断路,拿出小纸片,再次检测是否导通	

05 最终判断结果:熔断器FU2(左侧)的断开,拧开熔断器发现有纸片,恢复。

06 通电试车:按照"第6步 旋转电动机,累后尽开颜"再次进行试车。

3.2 考核评价：安装、调试与排故评分

安装与调试评分细则，如表 3-5 所示。

表 3-5　安装与调试评分细则

评分内容	配分	评分标准	扣分	得分
装前检查	5 分	1. 电器元器件漏检或错检，每只扣 5 分 2. 检查时间外更换元器件，每只扣 5 分		
安装元器件	15 分	1. 控制板上元器件不符合要求：元器件安装不牢固（有松动），布置不整齐、不匀称、不合理，每只扣 5 分 2. 漏装螺钉、元器件安装错误，每只扣 3 分 3. 损坏元器件，每只扣 15 分		
布线	35 分	1. 布线不符合要求：主电路，每根扣 3 分；控制电路，每根扣 2 分 2. 试车正常，但不按电路图接线，扣 10 分 3. 接点松动、反圈、接点导线露铜过长、压绝缘层：主电路，每个扣 2 分；控制电路，每个扣 1 分 4. 主、控电路布线不平整，有弯曲，有交叉，有架空等，每处扣 5 分 5. 损伤导线绝缘或线芯，每根扣 5 分 6. 漏接接地线，扣 10 分		
通电试车	30 分	1. 热继电器值未整定，扣 10 分 2. 配错熔体，主、控电路各扣 5 分 3. 操作顺序错误，每次扣 10 分 4. 第一次试车不成功，扣 10 分；第二次试车不成功，扣 20 分		
安全文明生产	15 分	1. 违反安全文明生产规程，扣 5 分 2. 乱线敷设，加扣不安全分，扣 5 分 3. 实训结束后，不整理清扫工位，扣 5 分		
装调总分（各项内容的最高扣分不应超过配分数）				

模拟排故评分细则，如表 3-6 所示。

表 3-6　模拟排故评分细则表

评分内容	配分	评分标准	扣分	得分
故障分析	30 分	1. 故障现象不明确，故障分析排故思路不正确，每个扣 10 分 2. 标错电路故障范围，每个扣 10 分		
排除故障	60 分	1. 停电不验电，扣 5 分 2. 工具及仪表使用不当，每次扣 5 分 3. 排除故障的顺序不对，扣 5~10 分 4. 不能查出故障点，每个扣 20 分 5. 查出故障点，但不能排除，每个扣 10 分 6. 产生新的故障：不能排除，每个扣 30 分；已经排除，每个扣 20 分 7. 损坏电动机，扣 60 分 8. 损坏电器元器件，或排除故障方法不正确，每只扣 30 分		
安全文明生产	10 分	1. 违反安全文明生产规程，扣 5 分 2. 排故工作结束后，不整理清扫工位，扣 5 分		
排故总分（各项内容的最高扣分不应超过配分数）				

● 思考与练习 ●

1. 分析判断图 3-7 所示的控制线路能否实现点动与连续混合控制，若不能，请说明原因或出现的现象。

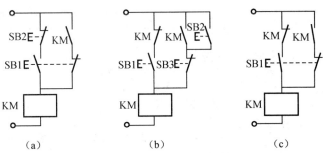

（a）　　　　　　（b）　　　　　　（c）

图 3-7　控制线路（一）

2. 分析判断图 3-8 所示的控制线路能否满足控制要求：

（1）具有过载、短路、欠电压和失电压保护；

（2）能实现单向启动与点动控制。若不能满足要求，请在图中加以改正。

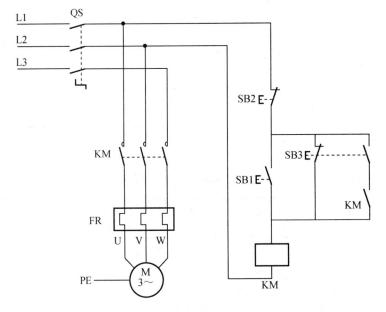

图 3-8　控制线路（二）

项目描述

安装并调试完成如图 4-1 所示的电动机接触器联锁正反转控制线路，然后通电试车，最后进行模拟排故训练。

图 4-1　电动机接触器联锁正反转控制接线效果

学习目标

- 熟悉联锁、正反转控制的概念。
- 熟知接触器联锁正反转控制线路的原理图和工作原理。
- 掌握接触器联锁正反转控制线路的安装与调试，通电试车。
- 掌握基本排故方法。

4.1　相关知识：正反转及联锁的概念

1　正反转的概念

在电气控制系统中，如何实现反转呢？把接入电动机三相电源进线中的任意两相对调（改变电源相序）接线，即可实现电动机的反转。改变相序的方法有 3 种，如 L1 与 L2 互换，L1 与 L3 互换，L2 与 L3 互换。图 4-2 所示电路改变了 L1 与 L3 两相电源。

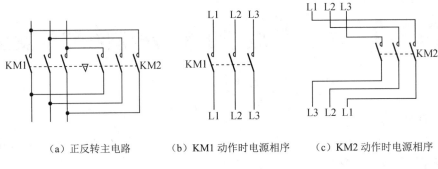

（a）正反转主电路　　　　（b）KM1 动作时电源相序　　　（c）KM2 动作时电源相序

图 4-2　改变 L1 与 L3 两相电源

2　联锁的概念

在正反转控制线路中必须强调：正转接触器 KM1 和反转接触器 KM2 的主触头绝对不允许同时闭合，否则将造成两相电源短路事故，易引发火灾。

那么如何解决这个问题呢？在实际电气控制系统中，可在正转（或反转）控制电路中串接反转（或正转）接触器的常闭触头，这样就保证了当一个接触器得电动作时，另一个接触器因为常闭辅助触头断开而不能得电动作，这种相互制约的关系称为接触器的联锁（或互锁）。而电路原理图中主触头间的"▽"就表示联锁。联锁的形式有触头联锁、按钮联锁和触头按钮双重联锁。

4.2　技能训练：装调接触器联锁正反转控制线路并模拟排故

训练目的

按照操作步骤，设计接触器联锁正反转控制线路位置图，绘制接线图，并进行实际安装与调试、通电试车、模拟排故。

操作步骤

第 1 步　读懂原理图，快速选元件

01 识读电动机接触器联锁正反转控制线路原理图。

在电气拖动控制系统中，往往要求一些生产机械运动部件能够向正反两个方向运动。例如，生产机械工作台的上升与下降、前进与后退，摇臂的夹紧与放松等，这些生产机械要求电动机能实现正反转控制。

电动机接触器联锁正反转控制线路，如图 4-3 所示。

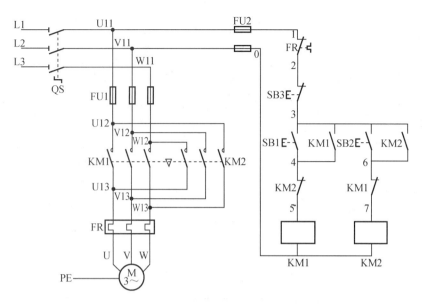

图 4-3　接触器联锁正反转控制线路

接触器联锁正反转控制线路工作原理如下：

首先，合上转换开关 QS。

【正转控制】

按下启动按钮 SB1 ⟶ KM1 线圈得电 ⟨ KM1 主触头闭合 ⟶ 电动机 M 启动正转运行
KM1 常开触头闭合自锁 ⟶
KM1 常闭触头断开对 KM2 的联锁

【反转控制】

先按下按钮 SB3 ⟶ KM1 线圈失电 ⟨ KM1 主触头分断 ⟶ 电动机 M 失电停转
KM1 常开触头断开，解除自锁 ⟶
KM1 常闭触头恢复闭合，解除对 KM2 的联锁

再按下按钮 SB2 ⟶ KM2 线圈得电 ⟨ KM2 主触头闭合 ⟶ 电动机 M 启动反转运行
KM2 常开触头闭合自锁 ⟶
KM2 常闭触头分断对 KM1 联锁

【停止】

按下按钮 SB3 ⟶ KM1(或 KM2)主触头断开 ⟶ 所有触头均复位 ⟶ 电动机 M 停转。

　　从工作原理可以知道，当电动机需要从正转切换到反转时，由于接触器常闭触点的联锁作用，必须先按下停止按钮，停止电动机正转后，再按下反转启动按钮，启动电动机反转运行，否则直接按下反转启动按钮就不能实现电动机的反转。由此可见，接触器联锁的正反转控制线路工作时安全可靠，但是在切换时操作不方便。

　　02　选择元器件及耗材。

　　根据接触器联锁正反转控制线路原理图，列出所需的低压元器件及耗材清单，如表 4-1 所示。表 4-1 中低压元器件为训练用参考型号，应用时可根据实际情况进行相应的转换。

表 4-1　元器件明细表及耗材清单

符号	元器件名称	型号	规格	数量
M	三相异步电动机	JW6314	0.18kW，380V，0.4A，1400r/min	1 只
QS	转换开关	HZ10-10/3	三极，10A	1 个
FU1	主电路熔断器	RL3-15	380V，15A，配熔体 10 A	3 只
FU2	控制电路熔断器	RL3-15	380V，15A，配熔体 2A	2 只
KM	交流接触器	CJ10-10	10A，线圈电压 380V	2 只
SB	按钮	LA10-3H	保护式，380V，5A，按钮数 3	1 只
FR	热继电器	JR36-20	额定电流 20A，1.5～2.4A	1 只
XT	接线排	JX210-20	380 V，10A，20 节	1 条
	控制板	木板	450mm×600mm×40 mm	1 块
	主电路导线	BV- 1.0	1.0mm² 红色硬铜线	若干
	控制电路导线	BV- 1.0	1.0mm² 黄色硬铜线	若干
	按钮连接线	BVR-0.75	0.75mm² 蓝色软铜线	若干
	保护接地线	BV- 1.5	1.5mm² 黄绿双色软铜线	若干
	号码管		1.5mm² 白色	若干

第 2 步　巧布位置图，方便你接线

01 布置接触器联锁正反转控制线路元器件位置图。

位置图就是根据电器元器件在控制板上的实际安装位置，而采用简化的外形符号（如正方形、矩形、圆形等）而绘制的一种简图。图中各电器的文字符号必须与电路图和接线图的标注一致。

接触器联锁正反转控制线路元器件安装参考位置，如图 4-4 所示。

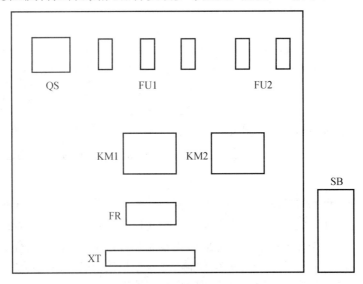

图 4-4　接触器正反转控制线路元器件安装参考位置

02 检测元器件。

安装元器件之前需要进行检测，保证元器件的可靠性，以保障电路正常运行。检验元器件的质量应在不通电的情况下，用数字万用表电阻挡检查各触点的分、合情况是否良好。

各低压元器件检测过程，如表 1-2 和表 2-2 所示。

03 安装元器件。

元器件固定后的实际效果，如图 4-5 所示。

图 4-5　元器件实际布置效果

第 3 步　细绘接线图，工艺尽在手

根据元器件位置图，形象地描绘出各元器件的各部分（形象地用符号表示出元器件实物），按照原理图进行合理的布线，认真细致地绘制电路的接线图。

接触器正反转控制线路参考接线，如图 4-6 所示。主电路参考接线，如图 4-6（a）所示，控制电路参考接线，如图 4-6（b）所示。

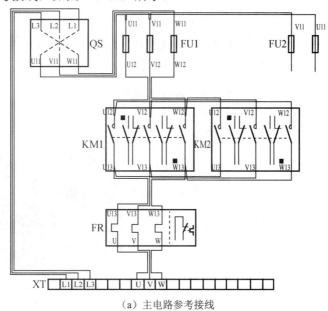

（a）主电路参考接线

图 4-6　接触器正反转控制线路参考接线图

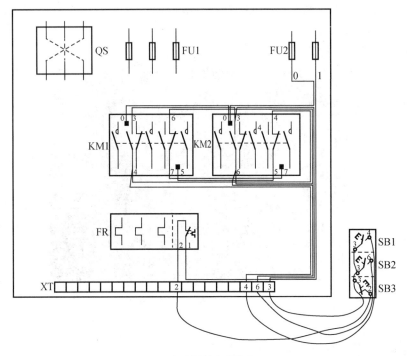

（b）控制线路参考接线

图 4-6 接触器正反转控制线路参考接线图（续）

| 第 4 步 | 慢接电路图，完美线工艺 |

对照接触器联锁正反转控制线路原理图，根据绘制的参考接线图，进行合理美观的接线。接线的一般步骤：**先接控制线路，再接主电路，然后接电动机，最后接电源**。点动与连续控制线路接线过程，如表 4-2 所示。

表 4-2 接线过程图解说明

线号		操作内容说明	实际接线示意图
1号线	接线要领说明	1 号线有 2 个同电位点。将 FU2（右边）的下接线柱到 FR（右边）的接线柱上	
	原理图解说明		

线号	操作内容说明		实际接线示意图
2 号线	接线要领说明	2 号线有 2 个同电位点。将 FR（左边）的接线柱先接到接线排过渡，再接到 SB3（红色）其中一端	
	原理图解说明	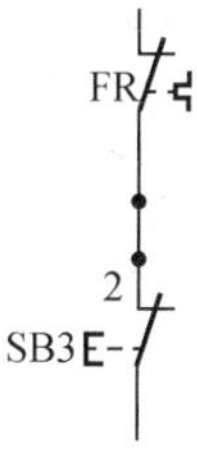 FR ⏻ 2 SB3 ⏻	
3 号线	接线要领说明	3 号线有 5 个同电位点。先将 SB3（红色）剩余一端和 SB1（绿色）与 SB2（黑色）其中一端 3 个点连接起来，将 KM1 常开触点（第 4 个接头）上接线柱与 KM2 常开触点（第 4 个接头）上接线柱连接起来，然后将连接好的点经过接线排过渡，再进行连接	
	原理图解说明	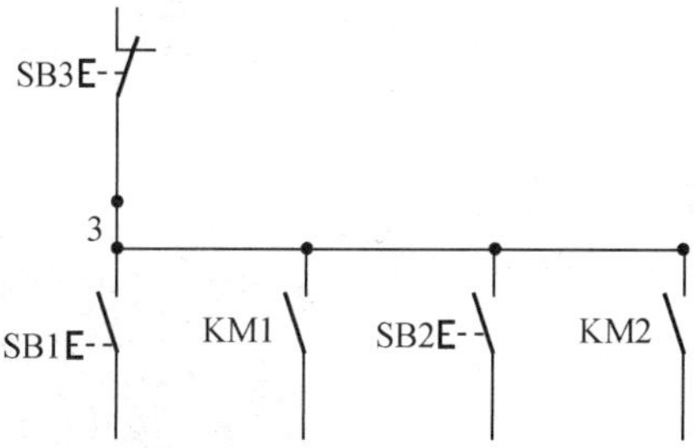 SB3 ⏻ 3 SB1 ⏻ KM1 SB2 ⏻ KM2	
4 号线	接线要领说明	4 号线有 3 个同电位点。先将 KM1 常开触点（第 4 个接头）下接线柱与 KM2 常闭触点（第 2 个接头）上接线柱 2 个点连接起来，然后将连接好的点经过接线排过渡，再与 SB1（绿色）剩余一端进行连接	
	原理图解说明	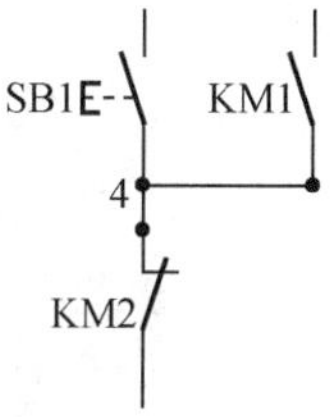 SB1 ⏻ KM1 4 KM2	

线号	操作内容说明		实际接线示意图
5 号线	接线要领说明	5 号线有 2 个同电位点。将 KM2 常闭触点（第 2 个接头）下接线柱与线圈 KM1 下接线柱连接起来	
	原理图解说明	KM2 5 KM1	
6 号线	接线要领说明	6 号线有 3 个同电位点。先将 KM2 常开触点（第 4 个接头）下接线柱与 KM1 常闭触点（第 2 个接头）上接线柱 2 个点连接起来，然后将连接好的点经过接线排过渡，再与 SB2（黑色）剩余一端进行连接	
	原理图解说明	SB2 KM2 6 KM1	
7 号线	接线要领说明	7 号线有 2 个同电位点。将 KM1 常闭触点（第 2 个接头）下接线柱与线圈 KM2 下接线柱连接起来	
	原理图解说明	KM1 7 KM2	
0 号线	接线要领说明	0 号线有 3 个同电位点。先将线圈 KM1 上接线柱与线圈 KM2 上接线柱连接起来，然后与熔断器 FU2（左边）下接线柱连接起来	
	原理图解说明	FU2 0 KM1 KM2	

续表

线号	操作内容说明		实际接线示意图
L1 L2 L3	接线要领说明	L1、L2、L3 各有 2 个同电位点。由接线排接到转换开关 QS 上端三个接线柱上	
	原理图解说明		
U11 V11 W11	接线要领说明	U11、V11 各有 3 个同电位点，W11 有 2 个同电位点。先将 QS 下端三个接线柱与 FU1 上接线柱分别相接，再从 FU1 的第 1、2 个上接线柱并联连接到 FU2（右边、左边）上接线柱	
	原理图解说明		
U12 V12 W12	接线要领说明	U12、V12、W12 各有 3 个同电位点。先将 FU1 下接线柱与正转 KM1 主触点(第 1、3、5 个接头)上接线柱相接，再与反转 KM2 主触点（第 5、3、1 个接头）上接线柱相连	
	原理图解说明		
U13 V13 W13	接线要领说明	U13、V13、W13 各有 3 个同电位点。先将 KM1 主触点(第 1、3、5 个接头)下接线柱与 KM2 主触点（第 1、3、5 个接头）下接线柱相连，再与 FR 主触点上接线柱相连	
	原理图解说明		

续表

线号		操作内容说明	实际接线示意图
U V W	接线要领说明	U、V、W 各有 2 个同电位点。将 FR 主触点下接线柱先连接到接线排过渡，再接三相电动机 M。主电路接线即可完成	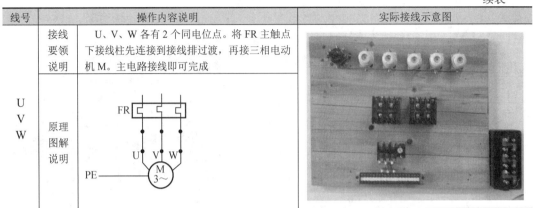
	原理图解说明		

最终完成接线后的接触器联锁的正反转控制线路实物，如图 4-1 所示。

第 5 步　活用欧姆挡，结果早知道

对于安装完成的控制线路，通电前自检是安全通电试车的重要保证。

01 目测，主要按电路原理图或绘制的接线图，逐段核对接线及接线端子处线号是否正确，有无漏接、错接。检查导线接点是否符合要求，有无反圈、露铜过长、压绝缘等故障，接点接触是否良好等。

02 应用数字万用表进行检测，主要检测熔断器的通断、控制电路的通断及部分触点的通断情况。熔断器的通断情况自检，如表 1-4 所示。数字万用表自检操作方法，如表 4-3 所示。

表 4-3　自锁控制线路数字万用表自检操作方法

自检内容	操作要领解析	操作方法
检测控制线路通断情况	将数字万用表置于欧姆挡，选择 "2k" 挡位，红黑表笔跨接在 FU2 的下接线柱，未进行任何操作时，显示的数字为 "1"	
	将数字万用表置于欧姆挡，选择 "2k" 挡位，红黑表笔跨接在 FU2 的下接线柱，此时按下正转启动按钮 SB1(绿色)，显示的数字为 "1.8" 左右，说明控制电路正确。如果显示为其他数值，则说明控制电路有问题，需要进行维修	

续表

自检内容	操作要领解析	操作方法
检测控制线路通断情况	将数字万用表置于欧姆挡，选择"2k"挡位，红黑表笔跨接在FU2 的下接线柱，此时使 KM1 动作，显示的数字为"1.8"左右，说明控制电路正确。 　　如果显示为其他数值，则说明控制电路有问题，需要进行维修	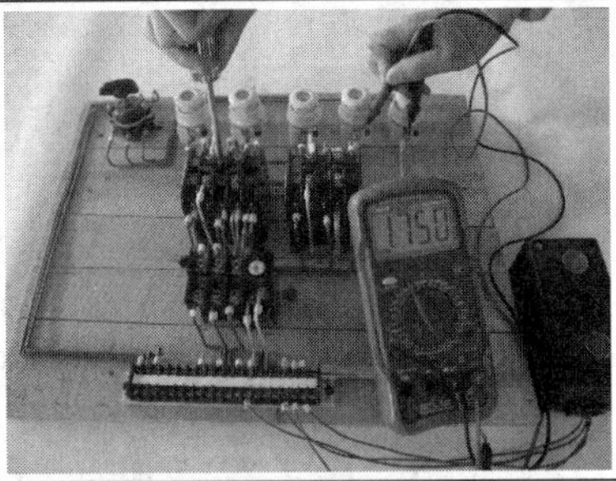
	将数字万用表置于欧姆挡，选择"2k"挡位，红黑表笔跨接在FU2 的下接线柱，此时按下反转启动按钮 SB2(黑色)，显示的数字为"1.8"左右，说明控制电路正确。 　　如果显示为其他数值，则说明控制电路有问题，需要进行维修	
	将数字万用表置于欧姆挡，选择"2k"挡位，红黑表笔跨接在FU2 的下接线柱，此时使 KM2 动作，显示的数字为"1.8"左右，说明控制电路正确。 　　如果显示为其他数值，则说明控制电路有问题，需要进行维修	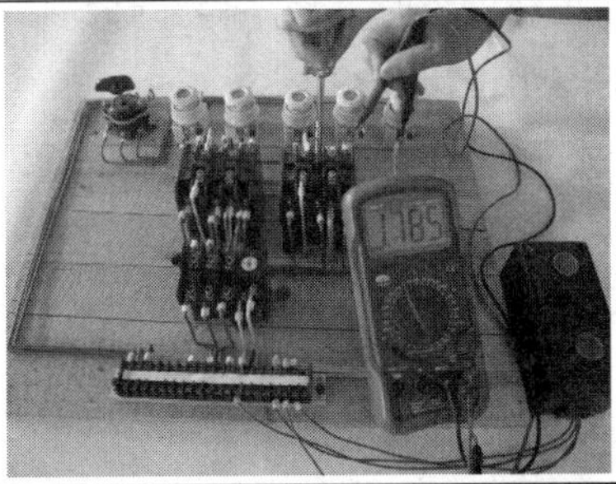

小贴士

　　自检时，主要是检测当按钮或接触器人为动作时，熔断器 FU2 两端检测的线圈的电阻值是否正常。具体操作时将数字万用表置于欧姆挡（2k 挡位），红黑表笔跨接在 FU2 的下接线柱，通过如表 4-3 所示的操作，如果数字万用表指示的阻值为 $1.8\,\text{k}\Omega$ 左右，则说明控制电路正确；若阻值为 0，则说明线圈短路；若阻值为无穷大，则说明线圈断路或控制电路不通，需进一步检测修复。

　　按照以上数字万用表自检方法检测后，如果符合要求，则说明自检合格；如果不符合要求，则需进行检修，待自检合格后，再进行第 6 步的操作。

第 6 步   旋转电动机，累后尽开颜

电动机通电试车接线效果，如图 4-7 所示。

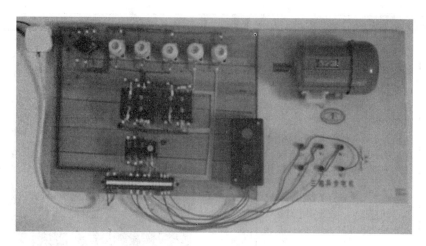

图4-7　电动机通电试车接线效果

接触器联锁正反转控制线路的通电试车操作步骤如下：

01　通电时，先合上三相电源开关，再合上转换开关 QS。①正转运行时，按下启动按钮 SB1；正转停车时，按下停止按钮 SB3。②反转运行时，按下启动按钮 SB2；反转停车时，按下停止按钮 SB3。

02　试车完毕，先断开转换开关 QS，再切断三相电源开关。

> **小贴士**
>
> 试车过程中，正转运行时按下按钮 SB2，反转接触器不动作。同理，反转运行时按下按钮 SB1，也没有反应。

第 7 步　模拟排故障，经验日积累

在实训过程中，设置模拟故障有很多方法。例如，可以用绝缘胶带将原先接通的触点隔断，可以将连接的导线剪断，可以以损坏的元器件代替好的元器件，可以用纸片设置接触不良等。

01　模拟设置故障：将 3 号线中按钮 SB1、SB2 和 SB3 的公共连接线与接触器 KM1、KM2 常开辅助触点的公共连接线断开，在接线排 3 号线下接线柱压绝缘。

02　描述故障现象：通上电源，合上 QS，按下正转启动按钮 SB1 和反转启动按钮 SB2，电动机只能点动运行，无法自锁。

03　根据现象分析，理清排故思路。

因正反转都存在点动现象，所以 3 号线（常开触点连接线）肯定存在问题，主要检测 3 号线的通断情况。

04　排故。图解排故过程，如表4-4所示。

表 4-4　排故过程图解说明

步骤	操作内容		图解操作步骤
第 1 步	操作目的	检查 3 号线是否接通（接触器常开触头是否接通）	
	操作说明	将数字万用表置于欧姆"200"挡位，检测 KM1、KM2 常开触点上接线柱是否接断，检测后显示的数字接近于"0"，说明正常	
第 2 步	操作目的	检查 3 号线是否接通	
	操作说明	将万用表选择到欧姆"200"档位，KM1、KM2 常开触点上接线柱连接点与接线排是否接通，检测后显示为"00.6"，说明正常。	
第 3 步	操作目的	检查 3 号线（按钮内连接线是否接通）	
	操作说明	将数字万用表置于欧姆"200"挡位，检测 KM1、KM2 常开触点上接线柱连接点与接线排是否接通，检测后显示的数字接近于"0"，说明正常	
第 4 步	操作目的	检查 3 号线（接线排 3 号线与按钮连接线是否接通）	
	操作说明	将数字万用表置于欧姆"200"挡位，接线排 3 号线与按钮连接线是否接通，检测后显示的数字为"1"，说明断路，需查明原因	
第 5 步	操作目的	检查 3 号线断开原因	
	操作说明	拧开螺钉，接线排下接线柱 3 号线压绝缘	

05 最终判断结果：接线排 3 号线下接线柱压绝缘。

06 通电试车：按照"第 6 步　旋转电动机，累后尽开颜"再次进行试车。

4.3 考核评价：安装、调试与排故评分

安装与调试评分细则，如表 4-5 所示。

表 4-5　安装与调试评分细则

评分内容	配分	评分标准	扣分	得分
装前检查	5 分	1. 电器元器件漏检或错检，每只扣 5 分 2. 检查时间外更换元器件，每只扣 5 分		
安装元器件	15 分	1. 控制板上元器件不符合要求：元器件安装不牢固（有松动），布置不整齐、不匀称、不合理，每只扣 5 分 2. 漏装螺钉、器件安装错误，每只扣 3 分 3. 损坏元器件，每只扣 15 分		
布线	35 分	1. 布线不符合要求：主电路，每根扣 3 分；控制电路，每根扣 2 分 2. 试车正常，但不按电路图接线，扣 10 分 3. 接点松动、反圈、接点导线露铜过长、压绝缘层：主电路，每个扣 2 分；控制电路，每个扣 1 分 4. 主、控电路布线不平整，有弯曲，有交叉，有架空等，每处扣 5 分 5. 损伤导线绝缘或线芯，每根扣 5 分 6. 漏接地线，扣 10 分		
通电试车	30 分	1. 热继电器值未整定，扣 10 分 2. 配错熔体，主、控电路各扣 5 分 3. 操作顺序错误，每次扣 10 分 4. 第一次试车不成功，扣 10 分；第二次试车不成功，扣 20 分		
安全文明生产	15 分	1. 违反安全文明生产规程，扣 5 分 2. 乱线敷设，加扣不安全分，扣 5 分 3. 实训结束后，不整理清扫工位，扣 5 分		
装调总分（各项内容的最高扣分不应超过配分数）				

模拟排故评分细则，如表 4-6 所示。

表 4-6　模拟排故评分细则表

评分内容	配分	评分标准	扣分	得分
故障分析	30 分	1. 故障现象不明确，故障分析排故思路不正确，每个扣 10 分 2. 标错电路故障范围，每个扣 10 分		
排除故障	60 分	1. 停电不验电，扣 5 分 2. 工具及仪表使用不当，每次扣 5 分 3. 排除故障的顺序不对，扣 5~10 分 4. 不能查出故障点，每个扣 20 分 5. 查出故障点，但不能排除，每个扣 10 分 6. 产生新的故障：不能排除，每个扣 30 分；已经排除，每个扣 20 分 7. 损坏电动机，扣 60 分 8. 损坏电器元器件，或排除故障方法不正确，每只扣 30 分		
安全文明生产	10 分	1. 违反安全文明生产规程，扣 5 分 2. 排故工作结束后，不整理清扫工位，扣 5 分		
排故总分（各项内容的最高扣分不应超过配分数）				

思考与练习

1. 什么是正反转？如何实现正反转？

2. 什么是联锁？在正反转控制中，为什么要设联锁保护？

3. 请画出接触器联锁正反转控制线路原理图，并写出其工作原理。

4. 分析判断如图 4-8 所示的接触器联锁正反转控制线路中有哪些错误？并改正。该电路具有短路、过载、欠电压和失电压保护。

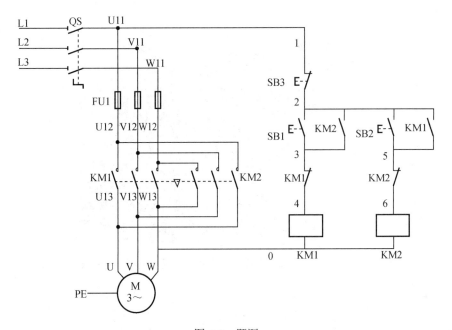

图 4-8　题图

项目描述

安装并调试完成如图 5-1 所示的电动机接触器按钮双重联锁正反转控制线路，然后通电试车，最后进行模拟排故训练。

图 5-1　电动机接触器按钮双重联锁正反转控制接线效果

学习目标

● 熟知接触器按钮双重联锁正反转控制线路的原理图和工作原理。
● 掌握接触器按钮双重联锁正反转控制线路的安装与调试，通电试车。
● 掌握基本排故方法。

5.1　技能训练：装调接触器按钮双重联锁正反转控制线路并模拟排故

训练目的

按照操作步骤，设计接触器按钮双重联锁正反转控制线路位置图，绘制接线图，并进行实际安装与调试、通电试车、模拟排故。

操作步骤

第 1 步　读懂原理图，快速选元件

01　识读接触器按钮双重联锁正反转控制线路原理图。

接触器按钮双重联锁正反转控制线路结合了按钮联锁和接触器联锁控制线路两者操作方便、安全可靠的优点，克服了易发生短路故障的不足。

接触器按钮双重联锁正反转控制线路，如图 5-2 所示。

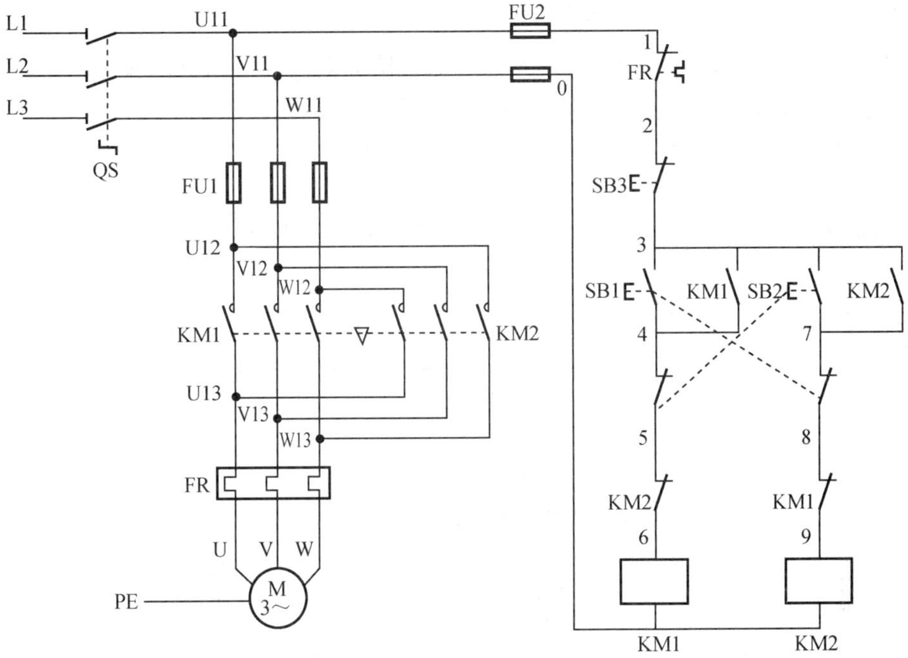

图 5-2　接触器按钮双重联锁正反转控制线路

通过项目 4 的实训，接触器按钮双重联锁正反转控制线路工作原理读者可自行分析。

02　选择元器件及耗材。

根据接触器按钮双重联锁正反转控制线路原理图，列出所需的低压元器件及耗材清单，如表 5-1 所示。表 5-1 中低压元器件为训练用参考型号，应用时可根据实际情况进行相应的转换。

表 5-1　元器件明细表及耗材清单

符号	元器件名称	型号	规格	数量
M	三相异步电动机	JW6314	0.18kW，380V，0.4A，1400r/min	1 只
QS	转换开关	HZ10-10/3	三极，10A	1 个
FU1	主电路熔断器	RL3-15	380V，15A，配熔体 10 A	3 只
FU2	控制电路熔断器	RL3-15	380V，15A，配熔体 2A	2 只
KM	交流接触器	CJ10-10	10A，线圈电压 380V	2 只
SB	按钮	LA10-3H	保护式，380V，5A，按钮数 3	1 只
FR	热继电器	JR36-20	额定电流 20A　1.5～2.4A	1 只
XT	接线排	JX210-20	380 V，10A，20 节	1 条
	控制板	木板	450mm×600mm×40 mm	1 块
	主电路导线	BV- 1.0	1.0mm² 红色硬铜线	若干
	控制电路导线	BV- 1.0	1.0mm² 黄色硬铜线	若干
	按钮连接线	BVR-0.75	0.75mm² 蓝色软铜线	若干
	保护接地线	BV- 1.5	1.5mm² 黄绿双色软铜线	若干
	号码管		1.5mm² 白色	若干

第2步　巧布位置图，方便你接线

01 布置接触器按钮双重联锁正反转控制线路元器件位置图。

位置图就是根据电器元件在控制板上的实际安装位置，而采用简化的外形符号（如正方形、矩形、圆形等）而绘制的一种简图。图中各电器的文字符号必须与电路图和接线图的标注一致。

接触器按钮双重联锁正反转控制线路元器件安装参考位置，如图5-3所示。

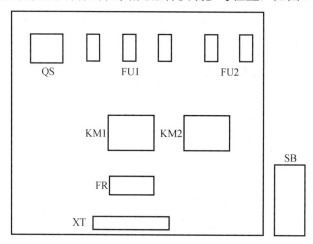

图5-3　接触器按钮双重联锁正反转控制线路元器件安装参考位置

02 检测元器件。

安装元器件之前需要进行检测，保证元器件的可靠性，以保障电路正常运行。检验元器件的质量应在不通电的情况下，用数字万用表电阻挡检查各触点的分、合情况是否良好。各低压元器件检测过程，如表1-2和表2-2所示。

03 安装元器件。

元器件固定后的实际位置，如图5-4所示。

图5-4　元器件安装后的实际位置

第 3 步　细绘接线图，工艺尽在手

根据元器件位置图，形象地描绘出各元器件的各部分（形象地用符号表示出元器件实物），按照原理图进行合理的布线，认真细致地绘制电路的接线图。

接触器按钮双重联锁正反转控制线路的控制电路参考接线，如图 5-5 所示。主电路接线同项目 4 接触器联锁正反转控制线路，如图 4-6（a）所示。

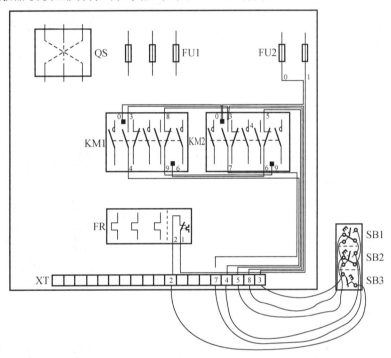

图 5-5　控制线路参考接线

第 4 步　慢接电路图，完美线工艺

对照接触器按钮双重联锁正反转控制线路原理图，根据绘制的参考接线图，进行合理美观的接线。接线的一般步骤：**先接控制线路，再接主电路，然后接电动机，最后接电源。** 接触器按钮双重联锁正反转控制线路接线过程，如表 5-2 所示。

表 5-2　接线过程图解说明

线号		操作内容说明	实际接线示意图
1 号 线	接线要领说明	1 号线有 2 个同电位点。将 FU2（右边）的下接线柱接到 FR（右边）的接线柱上	
	原理图解说明	FU2 1 FR	

线号	操作内容说明		实际接线示意图
2号线	接线要领说明	2号线有2个同电位点。将FR（左边）的接线柱接到接线排过渡，再接到SB3（红色）其中一端	
	原理图解说明	FR 2 SB3	
3号线	接线要领说明	3号线有5个同电位点。先将SB3（红色）剩下一端和SB1（绿色）与SB2（黑色）其中一端3个点连接起来，再将KM1常开触点（第4个接头）上接线柱与KM2常开触点（第4个接头）上接线柱2个点连接起来，将连接好的点经过接线排过渡，然后进行连接	
	原理图解说明	SB3 3 SB1 KM1 SB2 KM2	
4号线	接线要领说明	4号线有3个同电位点。先将SB1（绿色）常开触点剩余一端与SB2（黑色）常闭触点中一端2个点连接起来，然后将连接好的点经过接线排过渡，与KM1常开触点（第2个接头）下接线柱连接起来	
	原理图解说明	SB1 KM1 SB2 4	
5号线	接线要领说明	5号线有2个同电位点。将SB2（黑色）常闭触点剩余一端先接到接线排过渡，再接到KM2的常闭触点（第2个接头）上接线柱	
	原理图解说明	SB2 5 KM2	

续表

线号		操作内容说明	实际接线示意图
6 号线	接线要领说明	6 号线有 2 个同电位点。将 KM2 常闭触点（第 2 个接头）下接线柱与 KM1 线圈下接线柱连接起来	
	原理图解说明		
7 号线	接线要领说明	7 号线有 3 个同电位点。先将 SB2（黑色）常开触点剩余一端与 SB1（绿色）常闭触点中一端 2 个点连接起来，然后将连接好的点经过接线排过渡，再与 KM2 常开触点（第 4 个接头）下接线柱进行连接	
	原理图解说明		
8 号线	接线要领说明	8 号线有 2 个同电位点。将 SB1（绿色）常闭触点剩余一端先接到接线排过渡，再接到 KM1 的常闭触点（第 2 个接头）上接线柱	
	原理图解说明		
9 号线	接线要领说明	9 号线有 2 个同电位点。将 KM1 常闭触点（第 2 个接头）下接线柱与线圈 KM2 下接线柱连接起来	
	原理图解说明		

续表

线号	操作内容说明		实际接线示意图
0号线	接线要领说明	0号线有3个同电位点。先将线圈 KM1 上接线柱与线圈 KM2 上接线柱连接起来，再与熔断器 FU2（左边）的下接线柱连接起来	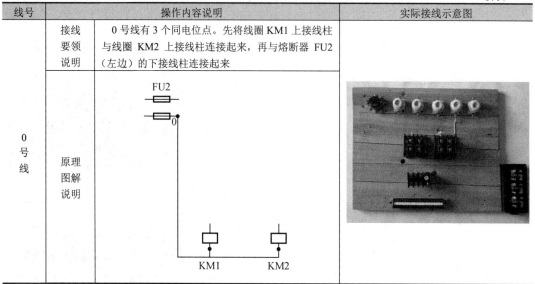
	原理图解说明		

接触器按钮双重联锁正反转控制线路的主电路接线过程与项目 4 接触器联锁正反转控制线路主电路相同。

最终完成接线后的接触器按钮双重联锁的正反转控制线路实物，如图 5-1 所示。

第 5 步　活用欧姆挡，结果早知道

对于安装完成的控制线路，通电前自检是安全通电试车的重要保证。

01 目测，主要按电路原理图或绘制的接线图，逐段核对接线及接线端子处线号是否正确，有无漏接、错接。检查导线接点是否符合要求，有无反圈、露铜过长、压绝缘等故障，接点接触是否良好等。

02 应用数字万用表进行检测，主要检测熔断器的通断、控制电路的通断及部分触点的通断情况。熔断器的通断情况自检，如表 1-4 所示。

小贴士

数字万用表自检操作方法同项目 4，如表 4-4 所示。

第 6 步　旋转电动机，累后尽开颜

电动机接触器按钮双重联锁正反转控制线路的通电试车操作步骤如下：

01 通电时，先合上三相电源开关，再合上转换开关 QS。

02 正转运行时，按下启动按钮 SB1；需要反转时可直接按下启动按钮 SB2；再次正转时，再按下启动按钮 SB1；如此反复在正转与反转之间进行切换。

03 停止时，按下停止按钮 SB3。

04 试车完毕，先断开转换开关 QS，再切断三相电源开关。

> **小贴士**
>
> 　　在正转运行过程中，可半按下按钮 SB2 进行正转停车；若 SB2 按到底，则可启动反转。同理，反转运行时，可半按下按钮 SB1 进行反转停车；若 SB1 按到底，则可启动正转。

电动机通电试车接线效果，如图 5-6 所示。

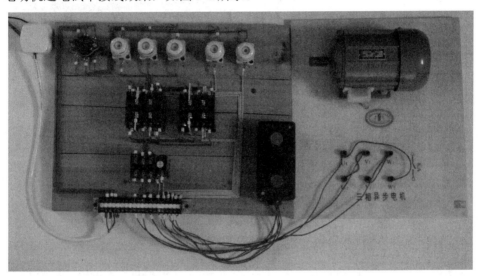

图 5-6　电动机通电试车接线效果

第 7 步　模拟排故障，经验日积累

在实训过程中，设置模拟故障有很多方法，例如，可以用绝缘胶带将原先接通的触点隔断，可以将连接的导线剪断，可以以损坏的元器件代替好的元器件，可以用纸片设置接触不良等。

01 模拟设置故障：缺相（接触器主触点第 1 个接头压绝缘）。

02 故障现象：通上电源，合上 QS，接下正转启动按钮 SB1，电动机运行缓慢，发出"嗡嗡"的声响。

03 根据现象分析，理清排故思路。

这里主要查找主电路中是否存在缺相情况，逐段逐点进行检测。

> **小贴士**
>
> 　　若电动机运行缓慢，发出"嗡嗡"的声响，由此可以推断线路主电路中肯定发生了缺相故障，此时应立即切断电源，拆下电动机，进行维修。

04 排故。图解排故过程，如表 5-3 所示。

表 5-3 排故过程图解说明（拆下电动机）

步骤	操作内容		图解操作步骤
第1步	操作目的	检查 380V 电源电压是否正常	
	操作说明	将数字万用表置于电压挡，选择"750V"挡位，两两检测接线排 L1、L2、L3 的电压是否正常，检测后显示的数字为"380"左右，说明正常，继续第2步的操作	
第2步	操作目的	检查 380V 线路电压是否正常	
	操作说明	将数字万用表置于电压挡，选择"750V"挡位，两两检测转换开关 QS 下接线柱的电压是否正常，检测后显示的数字为"380"左右，说明正常，继续第3步的操作	
第3步	操作目的	检查 380V 线路电压是否正常	
	操作说明	将数字万用表置于电压挡，选择"750V"挡位，两两检测主熔断器 FU1 下接线柱的电压是否正常，检测后显示的数字为"380"左右，说明正常，继续第4步的操作	
第4步	操作目的	检查 380V 线路电压是否正常	
	操作说明	将数字万用表置于电压挡，选择"750V"挡位，两两检测 KM1 接触器主触点第 1、3、5 个接头上接线柱的电压是否正常，当检测到第 1 与第 3 个接头、第 1 与第 5 个接头时电压显示的数字为"52"和"57"，不正常；当检测到第 3 与第 5 个	

续表

步骤	操作内容		图解操作步骤
第 4 步	操作 说明	接头时电压显示的数字为"380"左右，说明正常。此时应该可以断定第一相存在问题。 　　此时应断开电源，用电阻挡"200"检查通断，最终确定 KM1 接触器主触点第一相压绝缘，导致断路，从而造成了缺相	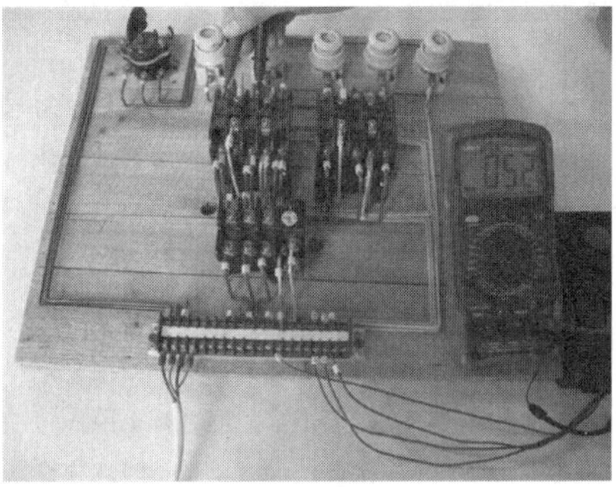 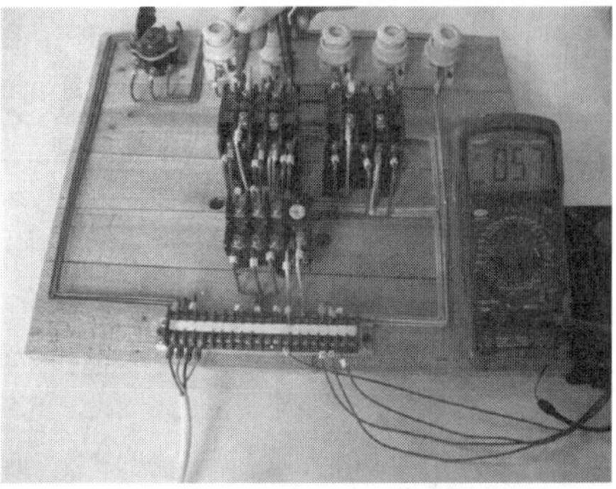 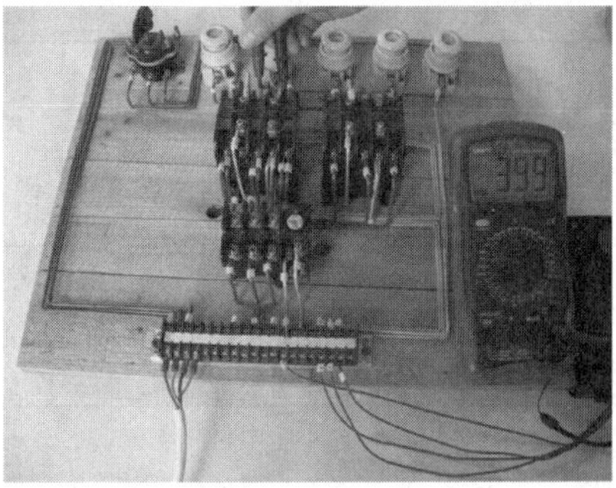

05　最终判断结果：KM1 接触器主触点第一相压绝缘。

06　通电试车：按照"第 6 步　旋转电动机，累后尽开颜"再次进行试车。

5.2　考核评价：安装、调试与排故评分

安装与调试评分细则，如表 5-4 所示。

表 5-4 安装与调试评分细则

评分内容	配分	评分标准	扣分	得分
装前检查	5分	1. 电器元器件漏检或错检，每只扣 5 分 2. 检查时间外更换元器件，每只扣 5 分		
安装元器件	15分	1. 控制板上元器件不符合要求：元器件安装不牢固（有松动），布置不整齐、不匀称、不合理，每只扣 5 分 2. 漏装螺钉、元器件安装错误，每只扣 3 分 3. 损坏元器件，每只扣 15 分		
布线	35分	1. 布线不符合要求：主电路，每根扣 3 分；控制电路，每根扣 2 分 2. 试车正常，但不按电路图接线，扣 10 分 3. 接点松动、反圈、接点导线露铜过长、压绝缘层：主电路，每个扣 2 分；控制电路，每个扣 1 分 4. 主、控电路布线不平整，有弯曲，有交叉，有架空等，每处扣 5 分 5. 损伤导线绝缘或线芯，每根扣 5 分 6. 漏接接地线，扣 10 分		
通电试车	30分	1. 热继电器值未整定，扣 10 分 2. 配错熔体，主、控电路各扣 5 分 3. 操作顺序错误，每次扣 10 分 4. 第一次试车不成功，扣 10 分；第二次试车不成功，扣 20 分		
安全文明生产	15分	1. 违反安全文明生产规程，扣 5 分 2. 乱线敷设，加扣不安全分，扣 5 分 3. 实训结束后，不整理清扫工位，扣 5 分		
装调总分（各项内容的最高扣分不应超过配分数）				

模拟排故评分细则，如表 5-5 所示。

表 5-5 模拟排故评分细则

评分内容	配分	评分标准	扣分	得分
故障分析	30分	1. 故障现象不明确，故障分析排故思路不正确，每个扣 10 分 2. 标错电路故障范围，每个扣 10 分		
排除故障	60分	1. 停电不验电，扣 5 分 2. 工具及仪表使用不当，每次扣 5 分 3. 排除故障的顺序不对，扣 5~10 分 4. 不能查出故障点，每个扣 20 分 5. 查出故障点，但不能排除，每个扣 10 分 6. 产生新的故障：不能排除，每个扣 30 分；已经排除，每个扣 20 分 7. 损坏电动机，扣 60 分 8. 损坏电器元器件，或排除故障方法不正确，每只扣 30 分		
安全文明生产	10分	1. 违反安全文明生产规程，扣 5 分 2. 排故工作结束后，不整理清扫工位，扣 5 分		
排故总分（各项内容的最高扣分不应超过配分数）				

● 思考与练习 ●

1. 请画出接触器按钮双重联锁正反转控制线路原理图，并写出其工作原理。
2. 分析判断如图 5-7 所示的控制线路中哪些元器件起了联锁作用。

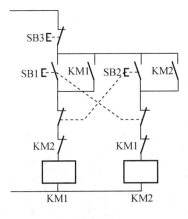

图 5-7　控制线路

3. 分析判断如图 5-8 所示的主电路或控制电路能否实现正反转控制。若不行，请说明原因或现象并改正。

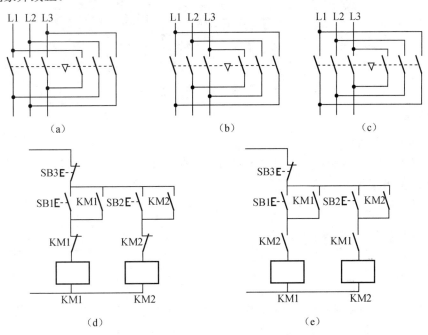

图 5-8　主电路或控制电路

項目 **6** 顺序启动逆序停止控制线路的安装、调试与排故

项目描述

安装并调试完成如图 6-1 所示的电动机顺序启动逆序停止控制线路，然后通电试车，最后进行模拟排故训练。

图 6-1　电动机顺序启动逆序停止控制接线效果

学习目标

● 熟知顺序控制的概念，掌握实现顺序控制的方法。
● 掌握顺序启动逆序停止控制线路的安装与调试，通电试车。
● 掌握基本排故方法。

6.1　相关知识：顺序控制及其实现

1 顺序控制

有些生产机械上装有多台电动机，有时需要各个不同功能的电动机按一定的顺序启动、运行、停止，从而保证生产过程的合理性和工作的安全性。例如，在一些生产机床中要求启动油泵电动机，等油压到达一定数值后，主轴电动机才能启动运行，保证了生产的安全性。这样就要求多台电动机按一定的顺序来启动或停止，即电动机的顺序控制。

2 实现顺序控制的方法

（1）主电路实现顺序控制

主电路实现顺序控制的方法，如图 6-2 所示。图中电动机 M2 的主电路 KM2 主触头接在 KM1 主触头的下方。这样即使 KM2 主触头闭合了，由于 KM1 主触头还未闭合，电动机 M2 没有接入三相交流电不能启动，这就保证了只有电动机 M1 启动（即 KM1 主触头闭合）后才能使电动机 M2 启动，实现了顺序控制。

（2）控制电路实现顺序控制

控制电路实现顺序控制的方法，如图 6-3 所示。图中将 KM1 常开辅助触头（7、8）串联连接在电动机 M2 的线圈 KM2 的控制电路中，这样就保证了线圈 KM1 不得电，KM1 常开辅助触头不闭合（M2 未启动），线圈 KM2 无法得电，也就无法启动，实现了顺序控制。

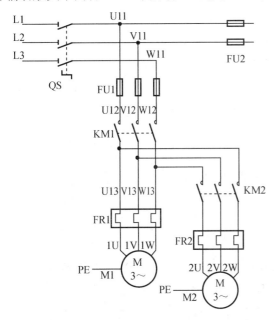

图 6-2 　主电路实现顺序控制

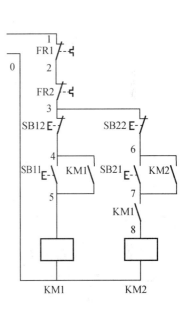

图 6-3 　控制电路实现顺序控制

6.2 技能训练：装调顺序启动逆序停止控制线路并模拟排故

训练目的

按照操作步骤，设计顺序启动逆序停止控制线路位置图，绘制接线图，并进行实际安装与调试、通电试车、模拟排故。

操作步骤

第 1 步 读懂原理图，快速选元件

01 识读顺序启动逆序停止控制线路原理图。

本书主要讲述控制电路实现顺序控制的方法。两台电动机的顺序启动逆序停止控制线

路，如图6-4所示。

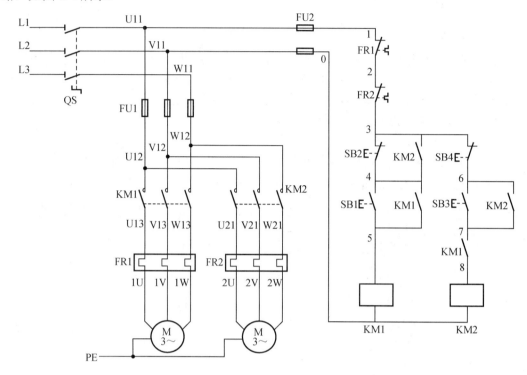

图 6-4 顺序启动逆序停止控制线路

小贴士

在图 6-4 中，接触器 KM1 的常开辅助触头（7、8）串联连接在电动机 M2（接触器 KM2）的控制电路中，由此可见，只要接触器线圈 KM1 不得电，电动机 M1 不启动，串联连接在接触器 KM2 控制线路中的 KM1 的常开辅助触头就不闭合，即使按下启动按钮 SB3，由于线路是断开的，导致线圈 KM2 也不能得电，电动机 M2 无法启动，这样就保证了只有电动机 M1 启动后，M2 才能启动的控制要求，实现了顺序启动控制。

在图 6-4 中，接触器 KM2 的常开辅助触头（3、4）并联连接在电动机 M1 的停止按钮 SB2 旁，由此可见，只要接触器线圈 KM2 一直得电，KM2 的常开辅助触头保持闭合，即使按下的 M1 停止按钮 SB2，电动机 M1 依然保持运转，只有当接触器线圈 KM2 失电，电动机 M2 停转后，松开停止按钮 SB2，电动机 M1 才能停止。这样就保证了只有电动机 M2 停止后，M1 才能启动的控制要求，实现了逆序停止控制。

M1、M2 的启动和停止工作原理与自锁正转控制线路相同，在熟知顺序启动和逆序停止的原理后，读者可自行分析顺序启动逆序停止控制线路的工作原理。

02 选择元器件及耗材。

根据顺序启动逆序停止控制线路原理图，列出所需的低压元器件及耗材清单，如表 6-1 所示。表 6-1 中低压元器件为训练用参考型号，应用时可根据实际情况进行相应的转换。

表 6-1 元器件明细表及耗材清单

符号	元器件名称	型号	规格	数量
M	三相异步电动机	JW6314	0.18kW，380V，0.4A，1400r/min	1 只
QS	转换开关	HZ10-10/3	三极，10A	1 个
FU1	主电路熔断器	RL3-15	380V，15A，配熔体 10 A	3 只
FU2	控制电路熔断器	RL3-15	380V，15A，配熔体 2A	2 只
KM	交流接触器	CJ10-10	10A，线圈电压 380V	2 只
SB	按钮	LA10-3H	保护式，380V，5A，按钮数 3	2 只
FR	热继电器	JR36-20	额定电流 20A，1.5～2.4A	2 只
XT	接线排	JX210-20	380 V，10A，20 节	1 条
	控制板	木板	500mm×650mm×40 mm	1 块
	主电路导线	BVR-1.0	1.0mm² 红色软铜线	若干
	控制电路导线	BVR-1.0	1.0mm² 黄色软铜线	若干
	按钮连接线	BVR-0.75	0.75mm² 蓝色软铜线	若干
	保护接地线	BV-1.5	1.5mm² 黄绿双色软铜线	若干
	号码管		1.5mm² 白色	若干
	线槽		20mm×40mm	2m
	螺钉		φ20～25mm	若干

第 2 步 巧布位置图，方便你接线

01 布置顺序启动逆序停止控制线路元器件位置图。

位置图就是根据电器元器件在控制板上的实际安装位置，而采用简化的外形符号（如正方形、矩形、圆形等）而绘制的一种简图。图中各电器的文字符号必须与电路图和接线图的标注一致。

顺序启动逆序停止控制线路元器件安装参考位置，如图 6-5 所示。

02 检测元器件。

安装元器件之前需要进行检测，保证元器件的可靠性，以保障电路正常运行。检验元器件的质量应在不通电的情况下，用数字万用表电阻挡检查各触点的分、合情况是否良好。各低压元器件检测过程如表 1-2 和表 2-2 所示。

03 安装元器件。

元器件固定后的实际位置图，如图 6-6 所示。

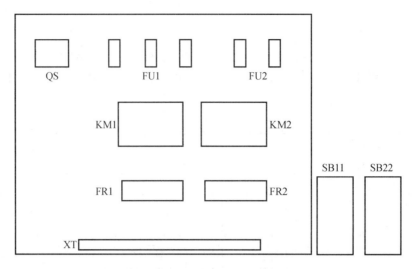

图 6-5　顺序启动逆序停止控制线路元器件安装参考位置

图 6-6　元器件固定后的实际位置

第 3 步　细绘接线图，工艺尽在手

根据元器件位置图，形象地描绘出各元器件的各部分（形象地用符号表示出元器件实物），按照原理图进行合理的布线，认真细致地绘制电路的接线图。

顺序启动逆序停止控制线路参考接线，如图 6-7 所示。主电路参考接线，如图 6-7（a）所示，控制电路参考接线，如图 6-7（b）所示。

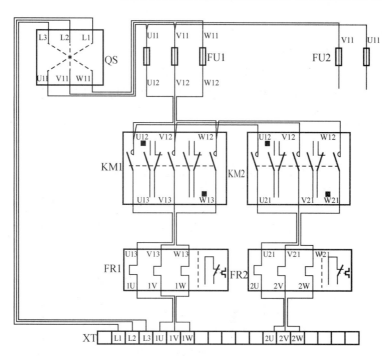

（a）主电路参考接线

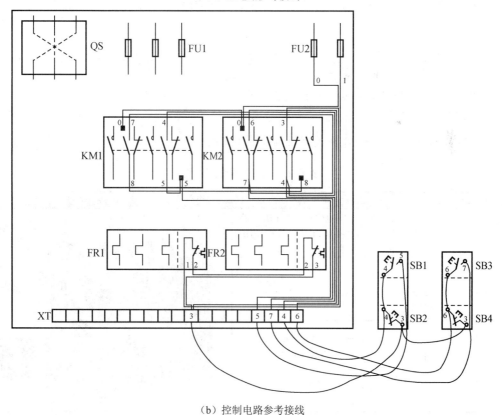

（b）控制电路参考接线

图 6-7　顺序启动逆序停止控制线路参考接线

第4步　慢接电路图，完美线工艺

对照顺序启动逆序停止控制线路原理图，根据绘制的参考接线图，进行合理美观的接线。接线的一般步骤：**先接控制线路，再接主电路，然后接电动机，最后接电源。**

小贴士

板前线槽配线的工艺要求如下：

1. 当所有导线的截面积等于或大于 0.5mm2 时，必须采用软线。

2. 布线时，严禁损伤线芯和导线绝缘。

3. 各电器元器件接线端子引出导线的走向以元器件的水平中心线为界限。在水平中心线以上的接线端子引出导线，必须进入元器件上面的走线槽；在水平中心线以下的接线端子引出导线，必须进入元器件下面的走线槽。任何导线都不允许从水平方向进入走线槽。

4. 各电器元器件接线端子上引出或引入的导线，除间距很小时允许直接架空敷设外，其他导线必须经过走线槽进行连接。

5. 进入走线槽内的导线要完全置于走线槽内，应尽可能避免交叉，装线不要超过其容量的 70%，以便盖上线槽盖和以后的装配与维修。

6. 各电器元器件与走线槽之间的外露导线，应合理走线，并尽可能做到横平竖直，垂直变换走向。同一个元器件上位置一致的端子和同型号电器元器件中位置一致的端子上，引出或引入的导线，要敷设在同一平面，并应做到高低一致或前后一致，不得交叉。

7. 所有接线端子、导线线头上，都应套有与电路图上相应接点线号一致的编码套管，并按线号进行连接，连接必须牢固，不得松动。

8. 一般接线排的接线端子只能连接一根导线。

顺序启动逆序停止控制线路接线过程如表 6-2 所示。

表 6-2　接线过程图解说明

线号	操作内容说明		实际接线示意图
1 号线	接线要领说明	1 号线有 2 个同电位点。将 FU2（右边）的下接线柱接到 FR1（左边）的接线柱上	
	原理图解说明		

线号	操作内容说明		实际接线示意图
2 号线	接线要领说明	2 号线有 2 个同电位点。将 FR1（右边）的接线柱接到 FR2（左边）的接线柱上	
	原理图解说明	FR1 ⊢ 2 FR2 ⊢	
3 号线	接线要领说明	3 号线有 4 个同电位点。分别将 SB2（红色）常闭触点一端与 SB4（红色）常闭触点一端 2 个点连接起来，将 FR2（右边）接线柱与 KM2 常开触点（第 4 个接点）上接线柱 2 点连接起来，然后将连接好的点经过接线排过渡，再进行连接	
	原理图解说明	FR2 ⊢ 3 SB2 E-╱　KM2　SB4 E-╱	
4 号线	接线要领说明	4 号线有 4 个同电位点。分别将 SB2（红色）常闭触点剩余一端与 SB1（绿色）常开触点中一端 2 点连接起来，将 KM2 常开触点（第 4 个接头）下接线柱与 KM1 常开触点（第 4 个接头）上接线柱 2 点连接起来，然后将连接好的点经过接线排过渡，再进行连接	
	原理图解说明	SB2 E-╱　　KM2 4 SB1 E-╱　　KM1	

线号		操作内容说明	实际接线示意图
5号线	接线要领说明	5号线有3个同电位点。先将KM1常开触点（第4个接头）下接线柱与线圈KM1下接线柱2点连接起来，然后经过接线排过渡，再与SB1（绿色）常开触点剩余一端连接起来	
	原理图解说明	SB1 E-\ KM1 5 KM1	
6号线	接线要领说明	6号线有3个同电位点。先将SB4（红色）常闭触点剩余一端与SB3（绿色）常开触点一端2点连接起来，然后经过接线排过渡，再与KM2常开触点（第2个接头）上接线柱连接起来	
	原理图解说明	SB4 E-7 6 SB3 E-\ KM2	
7号线	接线要领说明	7号线有3个同电位点。先将KM2常开触点（第2个接头）下接线柱与KM1常开触点（第2个接头）上接线柱2点连接起来，然后将连接好的点经过接线排过渡，再与SB3（绿色）常开触点剩余一端连接起来	
	原理图解说明	SB3 E-\ KM2 7 KM1	
8号线	接线要领说明	8号线有2个同电位点。将KM1常开触点（第2个接头）下接线柱与线圈KM2下接线柱连接起来	
	原理图解说明	KM1 8 KM2	

线号	操作内容说明		实际接线示意图
0 号线	接线要领说明	0 号线有 3 个同电位点。先将线圈 KM1 上接线柱与线圈 KM2 上接线柱连接起来，然后与 FU2（左边）下接线柱连接起来	
	原理图解说明	FU2 0 KM1　KM2	
L1 L2 L3	接线要领说明	L1、L2、L3 各有 2 个同电位点。由接线排分别接到转换开关 QS 上端三个接线柱上	
	原理图解说明	L1 L2 L3 QS	
U11 V11 W11	接线要领说明	U11、V11 各有 3 个同电位点，W11 有 2 个同电位点。先将转换开关 QS 下端三个接线柱与主熔断器 FU1 上接线柱分别相接，再从熔断器 FU1 的第 1、2 个上接线柱并联连接到熔断器 FU2 上接线柱	
	原理图解说明	U11　　FU2 V11 W11 QS　FU1	

线号	操作内容说明		实际接线示意图
U12 V12 W12	接线 要领 说明	U12、V12、W12 各有 3 个同电位点。先将 FU1 下接线柱与 KM1 主触点(第 1、3、5 个接头)上接线柱相接，再与 KM2 主触点（第 1、3、5 个接头）上接线柱相接	
	原理 图解 说明		
U13 V13 W13	接线 要领 说明	U13、V13、W13 各有 2 个同电位点。将 KM1 主触点(第 1、3、5 个接头)下接线柱与 FR1 主触点上接线柱相接	
	原理 图解 说明		
1U 1V 1W	接线 要领 说明	1U、1V、1W 各有 2 个同电位点。将热继电器 FR1 主触点下接线柱先接到接线排过渡，再接到三相电动机 M1	
	原理 图解 说明		
U21 V21 W21	接线 要领 说明	U21、V21、W21 各有 2 个同电位点。将 KM2 主触点(第 1、3、5 个接头)下接线柱与热继电器 FR2 主触点上接线柱相接	
	原理 图解 说明		

续表

线号	操作内容说明		实际接线示意图
2U 2V 2W	接线要领说明	2U、2V、2W 各有 2 个同电位点。将热继电器 FR1 主触点下接线柱先接到接线排过渡，再接三相电动机 M2。主电路接线即可完成	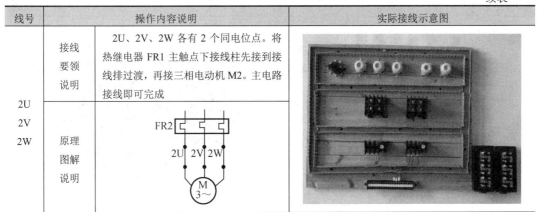
	原理图解说明		

最终完成接线后的顺序启动逆序停止控制实物，如图 6-1 所示。

第 5 步　活用欧姆挡，结果早知道

对于安装完成的控制线路，通电前自检是安全通电试车的重要保证。

01 目测，主要按电路原理图或绘制的接线图，逐段核对接线及接线端子处线号是否正确，有无漏接、错接。检查导线接点是否符合要求，有无反圈、露铜过长、压绝缘等故障，接点接触是否良好等。

02 应用数字万用表进行检测，主要检测熔断器的通断、控制电路的通断及部分触点的通断情况。熔断器通断情况自检，如表 1-4 所示。数字万用表自检操作方法，如表 6-3 所示。

表 6-3　数字万用表自检图解说明

自检内容	操作内容	操作方法
检测控制线路通断情况	将数字万用表置于欧姆挡，选择"2k"挡位，红黑表笔跨接在 FU2 的下接线柱，未进行任何操作时，显示的数字为"1"	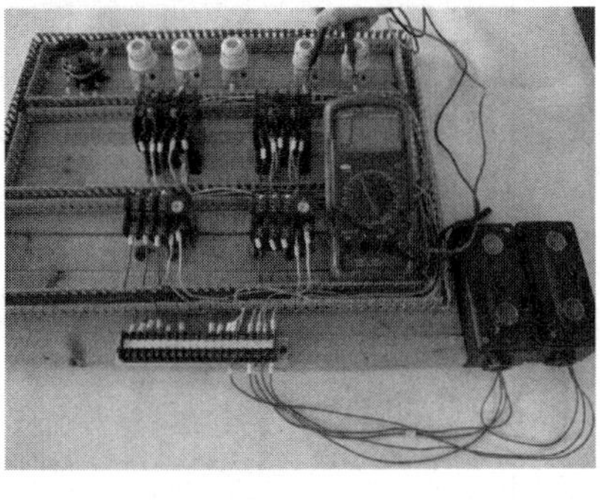

续表

自检内容	操作内容	操作方法
检测控制线路通断情况	将数字万用表置于欧姆挡，选择"2k"挡位，红黑表笔跨接在 FU2 的下接线柱，此时按下 M1 启动按钮 SB1(绿色)，显示的数字为"1.8"左右，说明控制电路正确。 　如果显示为其他数值，则说明控制电路有问题，需要进行维修	
	将数字万用表置于欧姆挡，选择"2k"挡位，红黑表笔跨接在 FU2 的下接线柱，此时使 KM1 动作，显示的数字为"1.8"左右，说明控制电路正确。 　如果显示为其他数值，则说明控制电路有问题，需要进行维修	
	将数字万用表置于欧姆挡，选择"2k"挡位，红黑表笔跨接在 FU2 的下接线柱，此时使 KM1 和 KM2 同时动作，显示的数字为"0.9"左右，说明控制电路正确（此时电阻值是线圈 KM1 和 KM2 并联后的电阻值。）	
	将数字万用表置于欧姆挡，选择"2k"挡位，红黑表笔跨接在 FU2 的下接线柱，此时使 KM1 动作，再按下 M2 启动按钮，显示的数字为"0.9"左右，说明控制电路正确（此时电阻值是线圈 KM1 和 KM2 并联后的电阻值）	

　　按照以上数字万用表自检方法检测后，如果符合要求，则说明自检合格；如果不符合要求，则需进行检修，待自检合格后，再进行第 6 步的操作。

第 6 步　旋转电动机，累后尽开颜

顺序启动逆序停止控制通电试车操作步骤如下：

01　通电时，先合上三相电源开关，再合上转换开关 QS。

02　启动时，必须先启动 M1 才能启动 M2，所以先按下启动按钮 SB1，再按下启动按钮 SB3，电动机开始运转。

03　停止时，必须先停止 M2 才能停止 M1，所以先按下停止按钮 SB4，再按下停止按钮 SB2，电动机停止运转。

04　试车完毕，先断开转换开关 QS，再切断三相电源开关。

小贴士

当 M1 未启动时，先按下启动按钮 SB3，M2 没有反应，因为电路是顺序启动的；当 M2 未停止时，先按下停止按钮 SB2，M1 继续运转，因为电路是逆序停止的。

电动机通电试车接线效果，如图 6-8 所示。

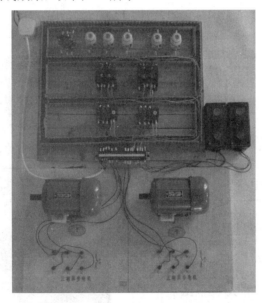

图 6-8　电动机通电试车接线效果

第 7 步　模拟排故障，经验日积累

在实训过程中，设置模拟故障有很多方法。例如，可以用绝缘胶带将原先接通的触点隔断，可以将连接的导线剪断，可以以损坏的元器件代替好的元器件，可以用纸片设置接触不良等。

01　模拟设置故障：人为使 KM1 常开触头涉及的 8 号线断开（连接线中间断开，外面绝缘包住）。

02　描述故障现象：按下按钮 SB1，M1 电动机顺利启动；按下按钮 SB3，线圈 KM2 不得电，KM2 控制回路不通，电动机 M2 无法启动。

03 根据现象分析，理清排故思路。

线圈 KM2 不得电，说明 KM2 控制线路中存在问题，可能的原因是发生了断路现象。先检查公共部分是否存在问题，即检查 3、8、0 号线是否存在问题；如无问题，再检查 6、7 号线。

04 排故。图解排故过程，如表 6-4 所示。

表 6-4 排故过程图解说明

步骤		操作内容	图解操作步骤
第1步	操作目的	检查 3 号线是否断开	
	操作说明	将数字万用表置于欧姆挡，选择"200"挡位，检测 SB4(红色)与 SB2(红色)的 3 号线连接点是否断开，检测后显示的数字接近于"0"，说明正常	
第2步	操作目的	检查 6 号线是否存在问题	
	操作说明	将数字万用表置于欧姆挡，选择"200"挡位，先检测 SB4(红色)与 SB3(绿色)3 号线是否接通；再检测 SB4(红色)与 KM2 常开触点第 2 个接头上接线柱是否通断，检测后显示的数字接近于"0"，说明正常	
第3步	操作目的	检查 7 号线是否存在问题	
	操作说明	将数字万用表置于欧姆挡，选择"200"挡位，检测 KM1 常开触点第 2 个接头上接线柱与 KM2 常开触点第 2 个接头下接线柱是否断开，检测后显示的数字接近于"0"，说明正常	
第4步	操作目的	检查 8 号线是否存在问题	
	操作说明	将数字万用表置于欧姆挡，选择"200"挡位，检测 KM1 常开触点第 2 个接头下接线柱与 KM2 线圈下接线柱是否断开，检测后显示的数字为"1"，说明线路有问题	

续表

步骤	操作内容		图解操作步骤
第5步	操作目的	查找故障点	
	操作说明	仔细检查，发现 KM1 常开触点第 2 个接头下接线柱的 8 号线压绝缘。更换导线后，电路恢复正常	

05 最终判断结果：8 号线中间断开，需更换新的连接导线。

06 通电试车：按照"第 6 步　旋转电动机，累后尽开颜"再次进行试车。

6.3　考核评价：安装、调试与排故评分

安装与调试评分细则，如表 6-5 所示。

表 6-5　安装与调试评分细则

评分内容	配分	评分标准	扣分	得分
装前检查	5 分	1. 电器元器件漏检或错检，每只扣 5 分 2. 检查时间外更换元器件，每只扣 5 分		
安装元器件	15 分	1. 控制板上元器件不符合要求：器件安装不牢固（有松动），布置不整齐、不匀称、不合理，每只扣 5 分 2. 漏装螺钉、元器件安装错误，每只扣 3 分 3. 损坏元器件，每只扣 15 分		
布线	35 分	1. 布线不符合要求：主电路，每根扣 3 分；控制电路，每根扣 2 分 2. 试车正常，但不按电路图接线，扣 10 分 3. 接点松动、反圈、接点导线露铜过长、压绝缘层：主电路，每个扣 2 分；控制电路，每个扣 1 分 4. 主、控电路布线不平整，有弯曲，有交叉，有架空等，每处扣 5 分 5. 损伤导线绝缘或线芯，每根扣 5 分 6. 漏接接地线，扣 10 分		
通电试车	30 分	1. 热继电器值未整定，扣 10 分 2. 配错熔体，主、控电路各扣 5 分 3. 操作顺序错误，每次扣 10 分 4. 第一次试车不成功，扣 10 分；第二次试车不成功，扣 20 分		
安全文明生产	15 分	1. 违反安全文明生产规程，扣 5 分 2. 乱线敷设，加扣不安全分，扣 5 分 3. 实训结束后，不整理清扫工位，扣 5 分		
装调总分（各项内容的最高扣分不应超过配分数）				

模拟排故评分细则，如表 6-6 所示。

表6-6　模拟排故评分细则表

评分内容	配分	评分标准	扣分	得分
故障分析	30分	1. 故障现象不明确，故障分析排故思路不正确，每个扣10分 2. 标错电路故障范围，每个扣10分		
排除故障	60分	1. 停电不验电，扣5分 2. 工具及仪表使用不当，每次扣5分 3. 排除故障的顺序不对，扣5~10分 4. 不能查出故障点，每个扣20分 5. 查出故障点，但不能排除，每个扣10分 6. 产生新的故障：不能排除，每个扣30分；已经排除，每个扣20分 7. 损坏电动机，扣60分 8. 损坏电器元器件，或排除故障方法不正确，每只扣30分		
安全文明生产	10分	1. 违反安全文明生产规程，扣5分 2. 排故工作结束后，不整理清扫工位，扣5分		
排故总分（各项内容的最高扣分不应超过配分数）				

思考与练习

1. 什么是顺序控制？举例说明生活中所遇见的顺序控制。

2. 实现顺序控制的方法有哪些？

3. 试分析如图6-9所示的控制电路实现顺序控制的线路有何特点。

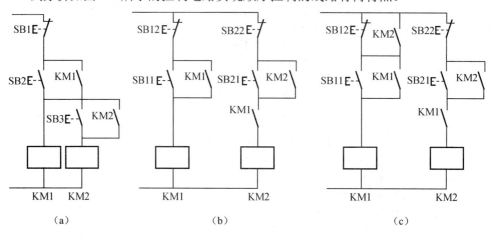

图6-9　题图

项目 **7** 自动往返控制线路的安装、调试与排故

项目描述

安装并调试完成如图 7-1 所示的电动机自动往返控制线路，然后通电试车，最后进行模拟排故训练。

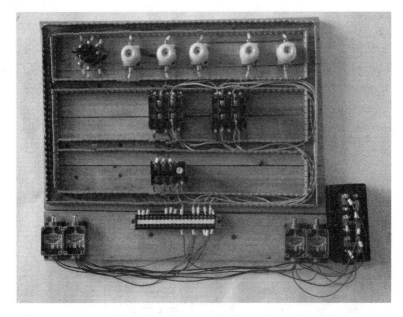

图 7-1 电动机自动往返控制接线效果

学习目标

- 熟悉行程开关等低压电器的图形和文字符号、基本结构。
- 熟悉自动往返控制的概念。
- 掌握自动往返控制线路的安装与调试，通电试车。
- 掌握基本排故方法。

7.1 相关知识：自动往返控制、行程开关

1 自动往返控制

在实际生产过程中，一些生产机械运动部件（如磨床工作台）需要在一定范围内自动往复循环运动，对工件进行连续加工，以提高生产效率。图 7-2 所示为工作台自动往返运

动控制示意图。图中工作台行程可通过移动挡铁来调节，加大两块挡铁间的距离，行程变短，反之则变长。

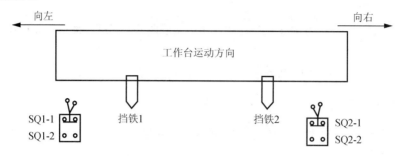

图 7-2　工作台自动往返运动控制示意

2　行程开关

实现行程控制和自动循环控制要求所依靠的主要元器件是位置开关。位置开关是一种将机械信号转换为电气信号，以控制运动部件位置或行程的自动控制元器件。它包括行程开关、接近开关等。本书主要介绍行程开关。

（1）行程开关外形与基本结构图

行程开关外形与基本结构，如图 7-3 所示。

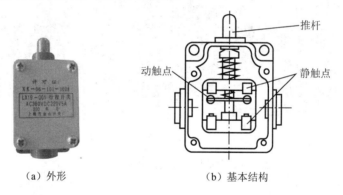

（a）外形　　　　　　（b）基本结构

图 7-3　JXLK1 系列行程开关外形与基本结构

（2）行程开关图形与文字符号

行程开关图形与文字符号，如图 7-4 所示。

（a）常开触头　　（b）常闭触头　　（c）复合触头

图 7-4　行程开关图形与文字符号

（3）安装行程开关的注意事项

安装行程开关时，安装要牢固、位置要准确，挡铁与行程开关碰撞的位置应符合控制线路的要求，安装要合理，并确保能与挡铁可靠的碰撞，及时准确的动作。

7.2　技能训练：装调自动往返控制线路并模拟排故

训练目的

按照操作步骤，设计自动往返控制线路位置图，绘制接线图，并进行实际安装与调试、通电试车、模拟排故。

操作步骤

第 1 步　读懂原理图，快速选元件

01　识读自动往返控制线路原理图。

电动机自动往返控制线路，如图 7-5 所示。

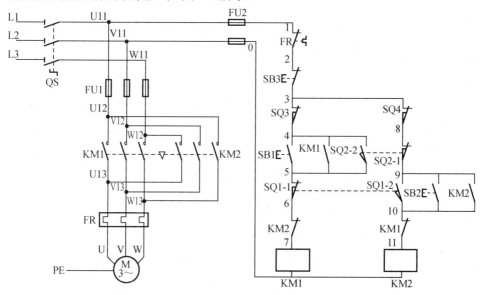

图 7-5　电动机自动往返控制线路

自动往返控制线路工作原理类同于接触器按钮双重联锁正反转控制线路，读者可自行分析。图 7-5 中行程开关 SQ1、SQ2 起到自动切换正反转的作用，SQ3、SQ4 分别起到终端限位保护的作用。

02　选择元器件及耗材。

根据自动往返控制线路原理图，列出所需的低压元器件及耗材清单，如表 7-1 所示。表 7-1 中低压元器件为训练用参考型号，应用时可根据实际情况进行相应的转换。

表 7-1　元器件明细表及耗材清单

符号	元器件名称	型号	规格	数量
M	三相异步电动机	JW6314	0.18kW，380V，0.4A，1400r/min	1 只
QS	转换开关	HZ10-10/3	三极，10A	1 个
FU1	主电路熔断器	RL3-15	380V，15A，配熔体 10 A	3 只
FU2	控制电路熔断器	RL3-15	380V，15A，配熔体 2A	2 只
KM	交流接触器	CJ10-10	10A，线圈电压 380V	2 只

续表

符号	元器件名称	型号	规格	数量
SB	按钮	LA10-3H	保护式，380V，5A，按钮数3	1只
FR	热继电器	JR36-20	额定电流20A，1.5～2.4A	1只
SQ	行程开关	JXLK1	LX19-001	4只
XT	接线排	JX210-20	380 V，10A，20节	1条
	控制板	木板	450mm×600mm×40 mm	1块
	主电路导线	BVR- 1.0	1.0mm² 红色软铜线	若干
	控制电路导线	BVR- 1.0	1.0mm² 黄色软铜线	若干
	按钮连接线	BVR-0.75	0.75mm² 蓝色软铜线	若干
	保护接地线	BV- 1.5	1.5mm² 黄绿双色软铜线	若干
	号码管		1. 5mm² 白色	若干
	线槽		20mm×40mm	2m

第2步 巧布位置图，方便你接线

01 布置自动往返控制线路元器件位置图。

位置图就是根据电器元器件在控制板上的实际安装位置，而采用简化的外形符号（如正方形、矩形、圆形等）而绘制的一种简图。图中各电器的文字符号必须与电路图和接线图的标注一致。

自动往返控制线路元器件安装参考位置，如图7-6所示。

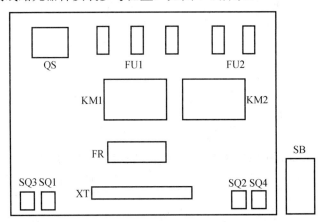

图7-6 自动往返控制线路元器件安装参考位置

02 检测元器件。

安装元器件之前需要进行检测，保证元器件的可靠性，以保障电路运行的正确性。检验元器件的质量应在不通电的情况下，用数字万用表电阻挡检查各触点的分、合情况是否良好。各低压元器件检测过程，如表1-2和表2-2所示。行程开关的检测，如表7-2所示。

表 7-2 行程开关检测说明

内容	检测方法	检测示意图
行程开关	目测接点螺钉是否脱落，如有损坏，需更换。 将数字万用表置于欧姆挡，选择 "200" 挡位，检测常开、常闭触头是否正常。常闭触点（里面两个触点）接通电阻为"0"，常开触点（外面两个触点）断开电阻为"无穷大"。若检测结果不正确，则需更换。 操作手动顶杆，检查常开、常闭触头是否动作	
	检测顶杆操作是否灵活，用手指模拟操作即可，若有卡阻现象，则需更换	

安装好元器件后的实际效果，如图 7-7 所示。

图 7-7 元器件安装好后的效果

<u>第 3 步</u> 细绘接线图，工艺尽在手

根据元器件位置图，形象地描绘出各元器件的各部分（形象地用符号表示出元器件实

物），按照原理图进行合理的布线，认真细致地绘制电路的接线图。

自动往返控制电路参考接线，如图 7-8 所示。主电路接线同项目 4 接触器联锁正反转控制线路，如图 4-5（a）所示。

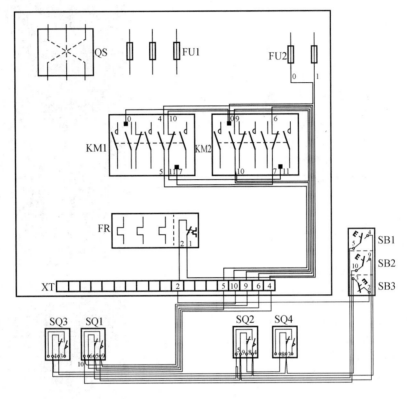

图 7-8　控制电路参考接线

第 4 步　慢接电路图，完美线工艺

对照自动往返控制线路原理图，根据绘制的参考接线图，进行合理美观的接线。接线的一般步骤：**先接控制线路，再接主电路，然后接电动机，最后接电源**。自动往返控制电路接线过程，如表 7-3 所示。

表 7-3　接线过程图解说明

线号	操作内容说明		实际接线示意图
1 号 线	接线要领说明	1 号线有 2 个同电位点。将 FU2（右边）的下接线柱接到 FR（右边）的接线柱上	
	原理图解说明	FU2 FR	

续表

线号	操作内容说明		实际接线示意图
2 号线	接线要领说明	2 号线有 2 个同电位点。将 FR（左边）接线柱通过接线排过渡，接到 SB3（红色）常闭触点中的一端	
	原理图解说明	FR 2 SB3	
3 号线	接线要领说明	3 号线有 2 个同电位点。先将 SQ3 常闭触头（右边）与 SQ4 常闭触头（右边）2 点连接起来，再连接到 SB3（红色）常闭触点剩余一端。按钮与行程开关都在控制板外，不需要经过接线排	
	原理图解说明	SB3 3 SQ3　　　　SQ4	
4 号线	接线要领说明	4 号线有 4 个同电位点。先将 SQ3 常闭触头（左边）一端、SQ2 常开触头（右边）一端与 SB1（绿色）常开触点中一端 3 点连接起来再连接到接线排过渡，然后接到 KM1 常开触点（第 4 个接头）上接线柱	
	原理图解说明	SQ3 4 SB1　KM1　SQ2-2	
5 号线	接线要领说明	5 号线有 4 个同电位点。先将 SQ2 常开触头（左边）一端、SQ1 常闭触头（右边）一端与 SB1（绿色）常开触点的剩余一端 3 点连接起来，再连接到接线排过渡，然后接到 KM1 常开触头（第 4 个接头）的下接线柱	
	原理图解说明	SB1　KM1　SQ2-2 5 SQ1-1	

线号	操作内容说明		实际接线示意图
6号线	接线要领说明	6号线有2个同电位点。将SQ1常闭触头（左边）一端先接到接线排过渡，再接到KM2常闭触头（第4个接头）上接线柱	
	原理图解说明	SQ1-1 1 KM2	
7号线	接线要领说明	7号线有2个同电位点。将KM2常闭触点（第4个接头）下接线柱与线圈KM1下接线柱相连接起来	
	原理图解说明	KM2 7 KM1	
8号线	接线要领说明	8号线有2个同电位点。将SQ4的常闭触点（左边）一端与SQ2的常闭触点（右边）一端连接起来	
	原理图解说明	SQ4 8 SQ2-1	
9号线	接线要领说明	9号线有4个同电位点。先将行程开关SQ2常闭触头（左边）一端、SQ1常开触头（右边）一端和SB2（绿色）常开触点一端3点连接起来，再连接到接线排下接线柱；然后接线排上接线柱接到KM2的常开触点（第2个接头）上接线柱	
	原理图解说明	SQ2-1 9 SQ1-2 SB2 E- KM2	

续表

线号	操作内容说明		实际接线示意图
10 号线	接线要领说明	10 号线有 4 个同电位点。先将 KM1 常闭触头（第 4 个接头）上接线柱与 KM2 常开触头（第 2 个接头）下接线柱连接起来，再连接到接线排的上接线柱；然后从接线排的下接线柱连接 SB2 常开触头（绿色）剩余一端和 SQ1 常开触头（左边）剩余一端	
	原理图解说明	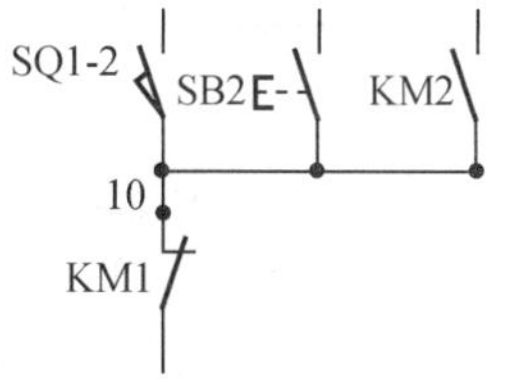 SQ1-2　SB2 E-\　KM2 10 KM1	
11 号线	接线要领说明	11 号线有 2 个同电位点。将 KM1 常闭触点（第 4 个接头）下接线柱与线圈 KM2 下接线柱连接起来	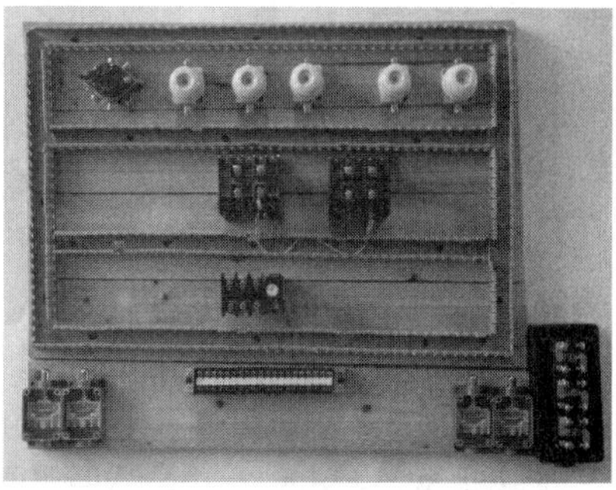
	原理图解说明	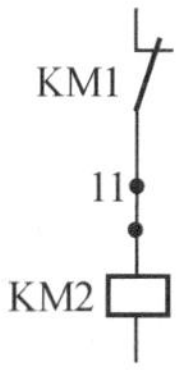 KM1 11 KM2	
0 号线	接线要领说明	0 号线有 3 个同电位点。先将 KM1 线圈上接线柱与线圈 KM2 上接线柱连接起来，然后与熔断器 FU2（左边）下接线柱连接起来	
	原理图解说明	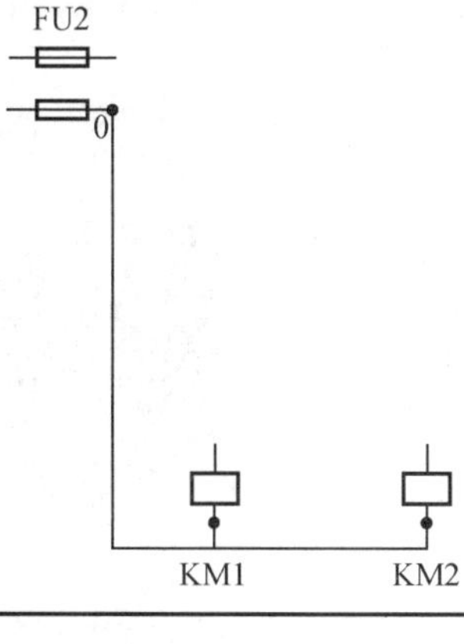 FU2 0 KM1　　KM2	

主电路接线图同项目 4 接触器联锁正反转控制线路。最终完成接线后的自动往返控制实物，如图 7-1 所示。

第 5 步　活用欧姆挡，结果早知道

对于安装完成的控制线路，通电前自检是安全通电试车的重要保证。

01　目测，主要按电路原理图或绘制的接线图，逐段核对接线及接线端子处线号是否正确，有无漏接、错接。检查导线接点是否符合要求，有无反圈、露铜过长、压绝缘等故障接点接触是否良好等。

02 应用数字万用表进行检测，主要检测熔断器的通断、控制电路的通断及部分触点的通断情况。熔断器的通断自检，如表 1-4 所示。用数字万用表自检操作方法，如表 7-4 所示。

表 7-4　自动往返控制线路万用表自检操作方法

自检内容	操作要领解析	操作方法
检测控制线路通断情况	将数字万用表置于欧姆挡，选择 "2k" 挡位，红黑表笔跨接在 FU2 的下接线柱，此时按下正转启动按钮 SB1(绿色)，显示的数字为 "1.8" 左右，说明控制电路正确。 如果显示为其他数值，则说明控制电路有问题，需要进行维修	
	将数字万用表置于欧姆挡，选择 "2k" 挡位，红黑表笔跨接在 FU2 的下接线柱，此时使 KM1 动作，显示的数字为 "1.8" 左右，说明控制电路正确。 如果显示为其他数值，则说明控制电路有问题，需要进行维修	
	将数字万用表置于欧姆挡，选择 "2k" 挡位，红黑表笔跨接在 FU2 的下接线柱，此时按下限位开关 SQ2，显示的数字为 "1.8" 左右，说明控制电路正确。 如果显示为其他数值，则说明控制电路有问题，需要进行维修	
	将数字万用表置于欧姆挡，选择 "2K" 挡位，红黑表笔跨接在 FU2 的下接线柱，此时按下正转启动按钮 SB2(黑色)，显示的数字为 "1.8" 左右，说明控制电路正确。 如果显示为其他数值，则说明控制电路有问题，需要进行维修	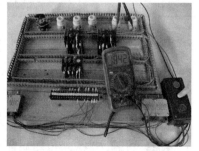

续表

自检内容	操作要领解析	操作方法
检测控制线路通断情况	将数字万用表置于欧姆挡，选择"2k"挡位，红黑表笔跨接在 FU2 的下接线柱，此时使 KM2 动作，显示的数字为"1.8"左右，说明控制电路正确。 如果显示为其他数值，则说明控制电路有问题，需要进行维修	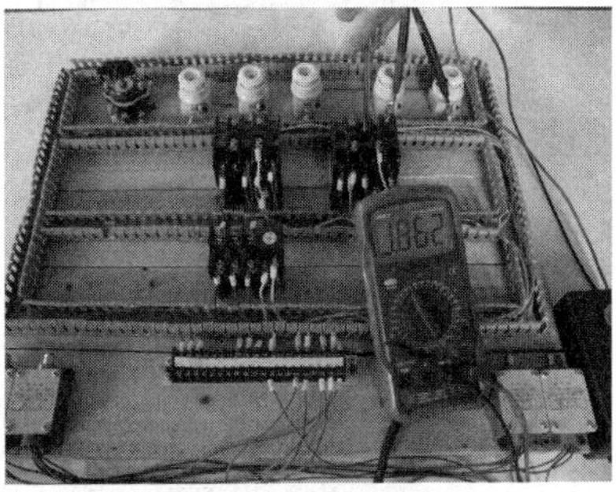
	将数字万用表置于欧姆挡，选择"2k"挡位，红黑表笔跨接在 FU2 的下接线柱，此时按下限位开关 SQ1，显示的数字为"1.8"左右，说明控制电路正确。 如果显示为其他数值，则说明控制电路有问题，需要进行维修	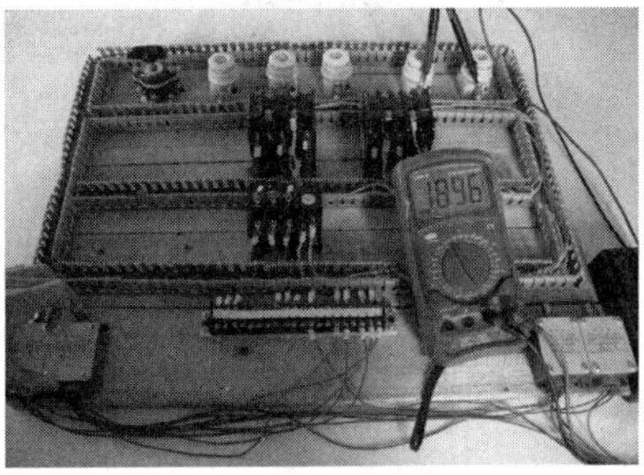

小贴士

自检时，主要是检测当按钮或接触器人为动作时，熔断器 FU2 两端检测的线圈的电阻值是否正常。具体操作时将数字万用表置于欧姆挡（2 kΩ 位），红黑表笔跨接在 FU2 的下接线柱，通过如表 7-4 所示的操作，如果数字万用表指示线圈阻值为 1.8 kΩ 左右，则说明控制电路正确；若阻值为 0，则说明线圈短路；若阻值为无穷大，则说明线圈断路或控制电路不通，需进一步检测修复。

按照以上数字万用表自检方法检测后，如果符合要求，则说明自检合格；如果不符合要求，则需进行检修，待自检合格后，再进行第 6 步的操作。

第 6 步 旋转电动机，累后尽开颜

自动往返控制线路的通电试车操作步骤如下：

01 通电时，先合上三相电源开关，再合上转换开关 QS。

02 按下正转启动按钮 SB1，电动机启动正转（后退）；合上行程开关 SQ1（人为模拟），停止正转，启动反转（前进）；合上行程开关 SQ2（人为模拟），停止反转，重新启动正转（后退）……实现了自动往返。后退时，合上行程开关 SQ3（人为模拟），停止正转，需要重新启动；前进时，合上行程开关 SQ4（人为模拟），停止反转，需要重新启动。

电动机通电试车接线效果，如图 7-9 所示。

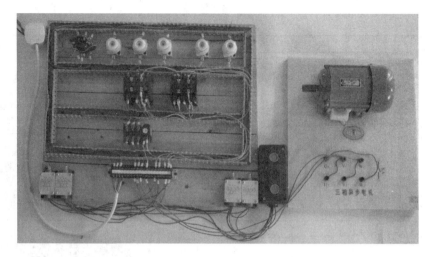

图 7-9　电动机通电试车接线效果图

第 7 步　模拟排故障，经验日积累

在实训过程中，模拟故障有很多方法。例如，可以用绝缘胶带将原先接通的触点隔断，可以将连接的导线剪断，可以以损坏的元器件代替好的元器件，可以用纸片设置接触不良等。

01　模拟设置故障：在限位开关 SQ2 常开辅助触点内用纸片垫住，故意造成常开不能接通的现象。

02　描述故障现象：按下按钮 SB1，电动机正转启动后退，触碰 SQ1，停止后退使电动机反转启动前进，触碰 SQ2，电动机立即停止。

03　根据现象分析，理清排故思路。

根据原理图，正常情况下触碰 SQ2，电动机应立即停止反转前进，应改为正转后退，现在立即停止转动说明利用 SQ2 常开辅助触点进行切换没有成功，问题可能出现在 SQ2 常开辅助触点（4、5）上，所以要检查 SQ2 常开辅助触点。

04　排故。图解排故过程，如表 7-5 所示。

表 7-5　排故过程图解说明

步骤	操作内容		图解操作步骤
第1步	操作目的	检查 4 号线（SQ2 常开与 KM1 常开上接线柱是否接通）	
	操作说明	将数字万用表置于欧姆挡，选择"200"挡位，检测 SQ2 一端与 KM1 常开触点是否断开，检测后显示的数字接近于"0"，说明正常	

步骤	操作内容		图解操作步骤
第2步	操作目的	检查 5 号线（SQ2 常开与 KM1 常开下接线柱是否接通）	
	操作说明	将数字万用表置于欧姆"200"挡位，检测 SQ2 剩余一端与 KM1 常开触点是否断开，检测后显示的数字接近于"0"，说明正常	
第3步	操作目的	检查行程开关的常开触点是否正常	
	操作说明	经过检测说明 4、5 号线没有问题。问题可能出现在常开触点本身。将数字万用表置于欧姆"200"挡位，检测 SQ2 触点是否断开，用手按压使其动作，红黑表笔跨接在常开触点，检测后显示的数字为"1"，说明断开	
第4步	操作目的	排除故障并恢复	
	操作说明	打开行程开关塑料内壳，发现其中有一张纸片，取出纸片。再将数字万用表置于欧姆"200"挡位，检测 SQ2 触点是否断开，用手按压使其动作，红黑表笔跨接在常开触点，检测后显示的数字接近于"0"，说明正常	

05 最终判断结果：SQ2 行程开关常开触点内有纸片，导致动作时无法接通。

06 通电试车：按照"第 6 步　旋转电动机，累后尽开颜"再次进行试车。

7.3 考核评价：安装、调试与排故评分

实训项目评分细则，如表 7-6 所示。

表 7-6　实训项目评分细则

评分内容	配分	评分标准	扣分	得分
装前检查	5 分	1. 电器元器件漏检或错检，每只扣 5 分 2. 检查时间外更换元器件，每只扣 5 分		
安装元器件	15 分	1. 控制板上元器件不符合要求：元器件安装不牢固（有松动），布置不整齐、不匀称、不合理，每只扣 5 分 2. 漏装螺钉、元器件安装错误，每只扣 3 分 3. 损坏元器件，每只扣 15 分		
布线	35 分	1. 布线不符合要求：主电路，每根扣 3 分；控制电路，每根扣 2 分 2. 试车正常，但不按电路图接线，扣 10 分 3. 接点松动、反圈、接点导线露铜过长、压绝缘层：主电路，每个扣 2 分；控制电路，每个扣 1 分 4. 主、控电路布线不平整，有弯曲，有交叉，有架空等，每处扣 5 分 5. 损伤导线绝缘或线芯，每根扣 5 分 6. 漏接接地线，扣 10 分		
通电试车	30 分	1. 热继电器值未整定，扣 10 分 2. 配错熔体，主、控电路各扣 5 分 3. 操作顺序错误，每次扣 10 分 4. 第一次试车不成功，扣 10 分；第二次试车不成功，扣 20 分		
安全文明生产	15 分	1. 违反安全文明生产规程，扣 5 分 2. 乱线敷设，加扣不安全分，扣 5 分 3. 实训结束后，不整理清扫工位，扣 5 分		
装调总分（各项内容的最高扣分不应超过配分数）				

模拟排故评分细则，如表 7-7 所示。

表 7-7　模拟排故评分细则

评分内容	配分	评分标准	扣分	得分
故障分析	30 分	1. 故障现象不明确，故障分析排故思路不正确，每个扣 10 分 2. 标错电路故障范围，每个扣 10 分		
排除故障	60 分	1. 停电不验电，扣 5 分 2. 工具及仪表使用不当，每次扣 5 分 3. 排除故障的顺序不对，扣 5~10 分 4. 不能查出故障点，每个扣 20 分 5. 查出故障点，但不能排除，每个扣 10 分 6. 产生新的故障：不能排除，每个扣 30 分；已经排除，每个扣 20 分 7. 损坏电动机，扣 60 分 8. 损坏电器元器件，或排除故障方法不正确，每只扣 30 分		
安全文明生产	10 分	1. 违反安全文明生产规程，扣 5 分 2. 排故工作结束后，不整理清扫工位，扣 5 分		
排故总分（各项内容的最高扣分不应超过配分数）				

思考与练习

1．实际生产机械中如何实现自动往返？

2．请画出行程开关的图形符号与文字符号。

3．请画出自动往返控制线路原理图，并写出其工作原理。

4．分析如图 7-10 所示控制电路，回答下列问题。

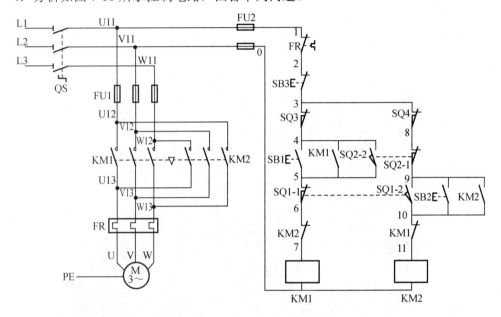

图 7-10　题图

（1）线路采用了哪些保护？分别由哪些元器件来完成该保护功能？

（2）分别说明图中 SQ1、SQ2、SQ3、SQ4、SB1、SB2、SB3 的作用。

星—三角降压启动手动控制线路的
安装、调试与排故

项目描述

安装并调试完成如图 8-1 所示的电动机星—三角降压启动手动控制线路，然后通电试车，最后进行模拟排故训练。

图 8-1　电动机星—三角降压启动手动控制接线效果

学习目标

- 熟知电动机降压启动控制的概念及降压启动方法。
- 理解星—三角降压启动控制。
- 掌握星—三角降压启动手动控制线路的安装与调试，通电试车。
- 掌握基本排故方法。

8.1　相关知识：降压启动、星—三角降压启动

1 降压启动

降压启动就是将电网电压适当降低后加到电动机的定子绕组上进行启动，待电动机启

动运转后，再使其电压恢复到额定值正常运转。降压启动的目的是减小电动机的启动电流，同时也会启动转矩减小，降压启动只适用于在空载或轻载下启动。

通常规定：电源容量为 180KVA，电动机容量为 7kW 以下的三相异步电动机可直接启动。凡是不满足直接启动条件的，均需采用降压启动。

常用的降压启动方法：定子绕组串电阻降压启动、自耦变压器降压启动、星—三角降压启动和延边三角形降压启动。本书主要介绍实际生产中应用最为广泛的星—三角降压启动控制方法。

2　星—三角降压启动

星—三角降压启动是指电动机启动时，把定子绕组接成星形，以降低启动电压，限制启动电流；待电动机启动后，再把定子绕组改接为三角形，使电动机全压运行。只要正常运行，定子绕组做三角形连接的异步电动机，均可采用这种降压启动方法。

电动机启动时接成星形，加在每相定子绕组上的启动电压只有三角形接法的 $\frac{1}{\sqrt{3}}$，启动电流为三角形接法的 $\frac{1}{3}$，启动转矩也只有三角接法的 $\frac{1}{3}$。所以星—三角降压启动方法只适用于轻载或空载。

电动机三相绕组星形、三角形连接示意图如图 8-2 所示。

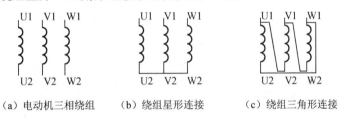

　　（a）电动机三相绕组　　　　（b）绕组星形连接　　　　（c）绕组三角形连接

图 8-2　电动机绕组连接情况

8.2　技能训练：装调星—三角降压启动手动控制线路并模拟排故

训练目的

按照操作步骤，设计星—三角降压启动手动控制线路位置图，绘制接线图，并进行实际安装与调试、通电试车、模拟排故。

操作步骤

第 1 步　读懂原理图，快速选元件

01）识读星—三角降压启动手动控制线路原理图。

电动机星—三角降压启动手动控制线路，如图 8-3 所示。

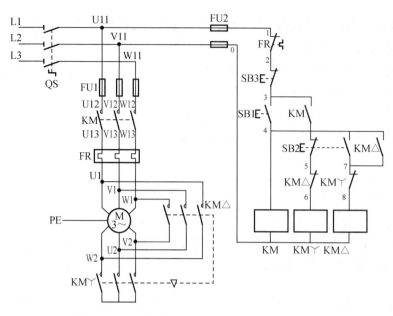

图 8-3　电动机星—三角降压启动手动控制线路

星—三角降压启动手动控制线路工作原理如下：

首先，合上转换开关 QS。

【电动机丫型降压启动】

【电动机△形全压运行】

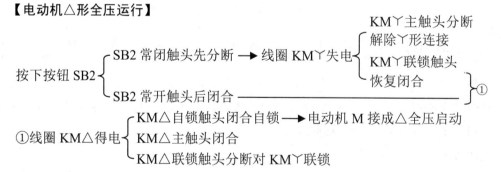

【停止】

按下按钮 SB3 —→ KM、KM△线圈失电 —→ 所有触头复位 —→ 电动机 M 停止运行。

02　选择元器件及耗材。

根据星—三角降压启动控制线路原理图，列出所需的低压元器件及耗材清单，如表 8-1 所示。表 8-1 中低压元器件为训练用参考型号，应用时可根据实际情况进行相应的转换。

表 8-1　元器件明细表及耗材清单

符号	元器件名称	型号	规格	数量
M	三相异步电动机	JW6314	0.18kW，380V，0.4A，1400r/min	1 只
QS	转换开关	HZ10-10/3	三极，10A	1 个
FU1	主电路熔断器	RL3-15	380V，15A，配熔体 10 A	3 只
FU2	控制电路熔断器	RL3-15	380V，15A，配熔体 2A	2 只
KM	交流接触器	CJ10-10	10A，线圈电压 380V	3 只
SB	按钮	LA10-3H	保护式，380V，5A，按钮数 3	1 只
FR	热继电器	JR36-20	额定电流 20A，1.5～2.4A	1 只
XT	接线排	JX210-20	380 V，10A，20 节	1 条
	控制板	木板	450mm×600mm×40 mm	1 块
	主电路导线	BVR- 1.0	1.0mm² 红色软铜线	若干
	控制电路导线	BVR- 1.0	1.0mm² 黄色软铜线	若干
	按钮连接线	BVR-0.75	0.75mm² 蓝色软铜线	若干
	保护接地线	BV- 1.5	1.5mm² 黄绿双色软铜线	若干
	号码管		1. 5mm² 白色	若干
	线槽		20mm×40mm	2m

第 2 步　巧布位置图，方便你接线

01 布置星—三角降压启动手动控制线路元器件位置图。

位置图就是根据电器元器件在控制板上的实际安装位置，而采用简化的外形符号（如正方形、矩形、圆形等）而绘制的一种简图。图中各电器的文字符号必须与电路图和接线图的标注一致。

星—三角降压启动手动控制线路元器件安装参考位置，如图 8-4 所示。

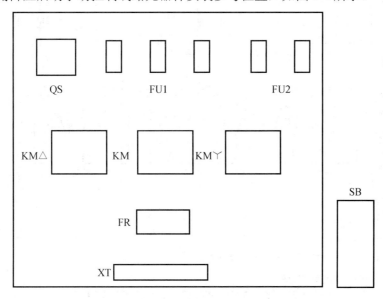

图 8-4　自动往返控制线路元器件安装参考位置

02 检测元器件。

安装元器件之前需要进行检测，保证元器件的可靠性，以保障电路运行的正确性。检验元器件质量应在不通电的情况下，用数字万用表电阻挡检查各触点的分、合情况是否良好。各低压元器件检测过程，如表1-2和表2-2所示。元器件固定后的实际位置，如图8-5所示。

图8-5　元器件固定后的实际位置

第3步　细绘接线图，工艺尽在手

根据元器件位置图，形象地描绘出各元器件的各部分（形象地用符号表示出元器件实物），按照原理图进行合理的布线，认真细致地绘制电路的接线图。

星—三角降压启动手动控制线路主电路参考接线，如图8-6（a）所示。控制电路接线，如图8-6（b）所示。

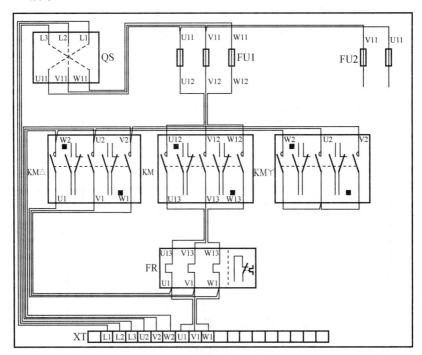

（a）主电路参考接线

图8-6　星—三角降压启动手动控制线路参考接线图

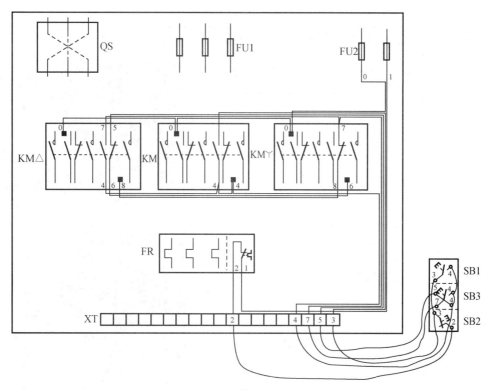

（b）控制电路参考接线

图 8-6　星—三角降压启动手动控制线路参考接线图（续）

第 4 步　慢接电路图，完美线工艺

对照星—三角降压启动手动控制线路原理图，根据绘制的参考接线图，进行合理美观的接线。接线的一般步骤：**先接控制线路，再接主电路，然后接电动机，最后接电源。**

星—三角降压启动控制线路接线过程，如表 8-2 所示。

表 8-2　接线过程图解说明

线号		操作内容说明	实际接线示意图
1 号线	接线要领说明	1 号线有 2 个同电位点。将 FU2 常闭触头（右边）的下接线柱接到 FR 常闭触头（右边）的接线柱上	
	原理图解说明		

线号		操作内容说明	实际接线示意图
2号线	接线要领说明	2号线有2个同电位点。将FR常闭触头（左边）接线柱通过接线排过渡，接到SB3（红色）常闭触点的一端	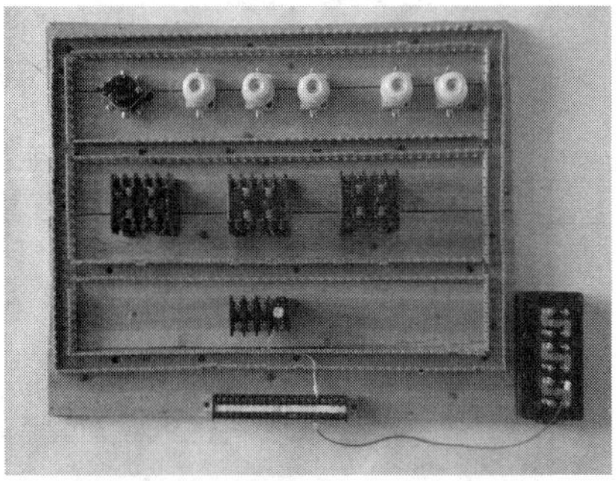
	原理图解说明	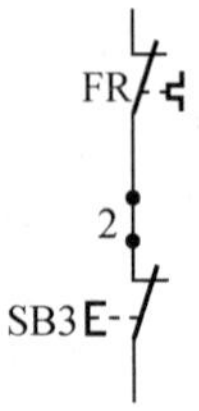 FR 2 SB3	
3号线	接线要领说明	3号线有3个同电位点。先将SB3（红色）常闭触点剩下的一端与SB1（绿色）常开触点的一端相接，然后接到接线排过渡，再接到KM常开辅助触头（第4个接头）的上接线柱	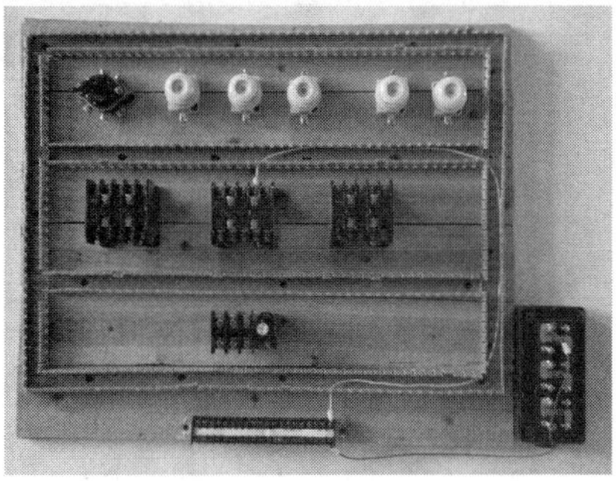
	原理图解说明	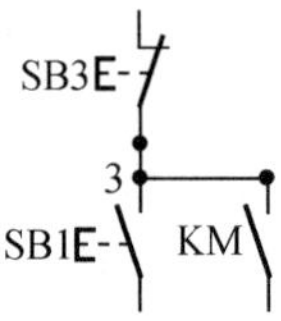 SB3 3 SB1　KM	
4号线	接线要领说明	4号线有6个同电位点。先将SB1常开触点剩下的一端与切换按钮SB2（绿色）常开和常闭的一端相接，接到接线排下接线柱；再将KM常开触点（第4个接头）下接线柱与线圈KM下接线柱连接起来，然后与KM△常开触头（第4个接头）下接线柱相接后，接到接线排对应的上接线柱	
	原理图解说明	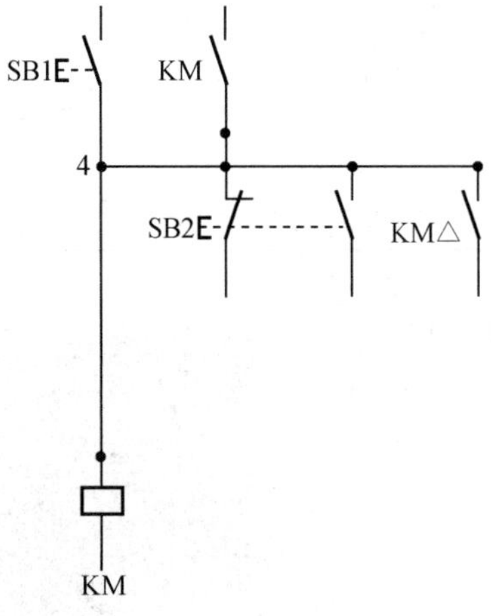 SB1　KM 4 SB2---------KM△ KM	

线号		操作内容说明	实际接线示意图
5号线	接线要领说明	5 号线有 2 个同电位点。先将切换按钮 SB2 常闭触头剩余一端接到接线排下接线柱，再将 KM△（第 4 个接头）的常闭触头上接线柱接到接线排对应的上接线柱	
	原理图解说明	SB2E-↘ 5 KM△	
6号线	接线要领说明	6 号线有 2 个同电位点。将 KM△常闭触点（第 4 个接头）下接线柱与线圈 KM丫下接线柱连接起来	
	原理图解说明	KM△ 6 KM丫	
7号线	接线要领说明	7 号线有 3 个同电位点。先将切换按钮 SB2 常开触头剩余一端接到接线排下接线柱，再将 KM△常开触头（第 4 个接头）的下接线柱与 KM丫常闭触头（第 4 个接头）上接线柱相接，接到接线排对应的上接线柱	
	原理图解说明	SB2E-↘----- KM△ 7 KM丫	
8号线	接线要领说明	8 号线有 2 个同电位点。将 KM丫常闭触点（第 4 个接头）下接线柱与线圈 KM△下接线柱连接起来	
	原理图解说明	KM丫 8 KM△	

线号	操作内容说明		实际接线示意图
0号线	接线要领说明	0 号线有 4 个同电位点。先将线圈 KM 上接线柱、线圈 KMY 上接线柱与线圈 KM△ 上接线柱连接起来，再与 FU2（左边）的下接线柱连接起来	
	原理图解说明	FU2 0 KM　KMY　KM△	
L1 L2 L3	接线要领说明	L1、L2、L3 各有 2 个同电位点。由线排连接到转换开关 QS 上端的 3 个接线柱上	
	原理图解说明	L1 L2 L3 QS	
U11 V11 W11	接线要领说明	U11、V11 各有 3 个同电位点，W11 有 2 个同电位点。先将 QS 下端 3 个接线柱与 FU1 上接线柱分别连接起来，再从 FU1 的第 1、第 2 个上接线柱并联连接到 FU2（右边、左边）的上接线柱	
	原理图解说明	U11　　　FU2 V11 W11 QS　FU1	
U12 V12 W12	接线要领说明	U12、V12、W12 各有 2 个同电位点。将 FU1 下接线柱与 KM 主触点(第 1、3、5 个接头)上接线柱连接起来	
	原理图解说明	FU1 U12 V12 W12 KM	

续表

线号	操作内容说明		实际接线示意图
U13 V13 W13	接线 要领 说明	U13、V13、W13 各有 2 个同电位点。将 KM 主触点(第 1、3、5 个接头)下接线柱与 FR 主触点上接线柱连接起来	
	原理 图解 说明		
U1 V1 W1	接线 要领 说明	U1、V1、W1 各有 3 个同电位点。先将 FR 主触头下接线柱接到接线排上，然后从 FR 主触头下接线柱并联出导线接到 KM△主触点的下接线柱（第 1、3、5 个接头）	
	原理 图解 说明		
W2 U2 V2	接线 要领 说明	U2、V2、W2 各有 3 个同电位点。先将 KM△主触点上接线柱接到接线排上，然后从 KM△主触点上接线柱（第 1、3、5 个接头）接到 KM丫主触点的上接线柱（第 1、3、5 个接头） 注意：使用三角形接法时绕组连接为 U1W2，V1U2，W1V2	
	原理 图解 说明		
丫点	接线 要领 说明	将 KM丫主触点的下接线柱（第 1、3、5 个接头）两两相接	
	原理 图解 说明		

最终完成接线后的星—三角降压启动手动控制实物，如图 8-1 所示。

第 5 步　活用欧姆挡，结果早知道

对于安装完成的控制线路，通电前自检是安全通电试车的重要保证。

01　目测，主要按电路原理图或绘制的接线图，逐段核对接线及接线端子处线号是否正确，有无漏接、错接。检查导线接点是否符合要求，有无反圈、露铜过长、压绝缘等故障接点接触是否良好等。

02　应用数字万用表进行检测，主要检测熔断器的通断、控制电路的通断及部分触点的通断情况。熔断器的通断自检，如表 1-4 所示。数字万用表自检操作方法，如表 8-3 所示。

表 8-3　星—三角控制线路数字万用表自检操作方法

自检内容	操作要领解析	操作方法
检测控制线路通断情况	将数字万用表置于欧姆挡，选择"2k"挡位，红黑表笔跨接在 FU2 的下接线柱，此时按下启动按钮 SB1(绿色)，显示的数字为"0.9"左右（此时的阻值是线圈 KM 与线圈 KM丫并联的阻值），说明控制电路正确。 如果显示为其他数值，则说明控制电路有问题，需要进行维修	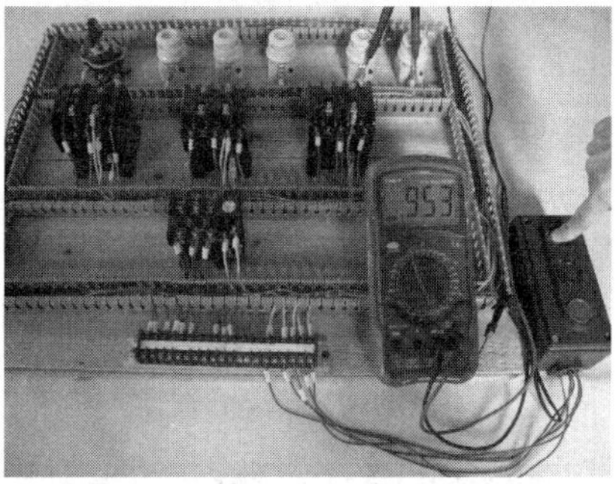
	将数字万用表置于欧姆挡，选择"2k"挡位，红黑表笔跨接在 FU2 的下接线柱，此时使 KM 动作，显示的数字为"0.9"左右（此时的阻值是线圈 KM 与线圈 KM丫并联的阻值），说明控制电路正确。 如果显示为其他数值，则说明控制电路有问题，需要进行维修	
	将数字万用表置于欧姆挡，选择"2k"挡位，红黑表笔跨接在 FU2 的下接线柱，此时同时按下启动按钮 SB1(绿色)和切换按钮 SB2(黑色)，显示的数字为"0.9"左右（此时的阻值是线圈 KM 与线圈 KM△并联的阻值），说明控制电路正确。 如果显示为其他数值，则说明控制电路有问题，需要进行维修	

续表

自检内容	操作要领解析	操作方法
检测控制线路通断情况	将数字万用表置于欧姆挡,选择"2k"挡位,红黑表笔跨接在 FU2 的下接线柱,此时按下启动按钮 SB1(绿色)并使KM△动作,显示的数字为"0.9"左右(此时的阻值是线圈 KM 与线圈 KM△并联的阻值),说明控制电路正确。 如果显示为其他数值,说明控制电路有问题,需要进行维修	

小贴士

自检时,主要是检测当按钮或接触器人为动作时,熔断器 FU2 两端检测的线圈的电阻值是否正常。具体操作时将数字万用表置于欧姆挡(2 kΩ 挡位),红黑表笔跨接在 FU2 的下接线柱,通过如表 8-3 所示的操作,如果数字万用表指示线圈阻值为 1.8 kΩ 左右,则说明控制电路正确;若阻值为 0,则说明线圈短路;若阻值为无穷大,则说明线圈断路或控制电路不通,需进一步检测修复。

按照以上数字万用表自检方法检测后,如果符合要求,则说明自检合格;如果不符合要求,则需进行检修,待自检合格后,再进行第 6 步的操作。

第 6 步　旋转电动机,累后尽开颜

星—三角降压启动手动控制线路通电试车操作步骤如下:

01 通电时,先合上三相电源开关,再合上转换开关 QS,启动时先按下启动按钮 SB1,电动机接成星形并启动;待转速上升到一定速度时,再按下切换按钮 SB2,此时电动机接成三角形运行。

02 停止时,先按下停止按钮 SB3,再断开转换开关 QS,最后切断三相电源开关。

电动机通电试车操作效果,如图 8-7 所示。

图 8-7　电动机通电试车操作效果图

第 7 步   模拟排故障，经验日积累

在实训过程中，模拟故障有很多方法。例如，可以用绝缘胶带将原先接通的触点隔断，可以将连接的导线剪断，可以以损坏的元器件代替好的元器件，可以用纸片设置接触不良等。

01 模拟设置故障：将接线排 W2、 U2、 V2 引出线误接到电动机的 U2、V2、W2。此时接线为 U1U2、V1V2、W1W2，所以不能运行。

02 描述故障现象：按下按钮 SB1，电动机在星形状态下正常启动；然后按下按钮 SB2，控制线路能够从星形切换为三角形，主电路接触器也能正确动作，但是电动机突然停转。

03 根据现象分析，理清排故思路。

根据现象分析得知控制电路正常，问题可能出现在主电路中，三角形连接线可能接错了，需要逐点进行检查和核对。

04 排故。图解排故过程，如表 8-4 所示。

表 8-4   排故过程图解说明

步骤	操作内容		图解操作步骤
第 1 步	操作目的	检测三相异步电动机的绕组是否断开。如果有阻值，则说明绕组正常；如果没有阻值，则说明断开	
	操作说明	首先检测三相异步电动机的绕组电阻阻值为 0.3 kΩ 左右，电动机阻值正常 将数字万用表置于欧姆"2k"挡位测量各组电阻，红黑表笔分别接 U1 和 U2、V1 和 V2、W1 和 W2，阻值是否为规定值。两两测量后阻值为 0.278K	
第 2 步	操作目的	检查电动机引出线是否连接正确	
	操作说明	根据接线排 U1V1W1 和 U2 V2W2 的 6 个引出点，分别检测 U1 W2、V1 U2、W1 V2 之间是否接通，正常情况下其阻值应该为无穷大（断开）。将数字万用表置于欧姆"2k"挡位两两检测，当检测 U1 W2 时，阻值显示为".278"，这是绕组的阻值，所以存在问题。 当拆下电动机 U2 V2W2 三根引出线，再次用数字万用表检测，显示的阻值为"1"，说明正常。此时可以判定 U2 V2W2 三个绕组引出端接线错误	

续表

步骤	操作内容		图解操作步骤
第3步	操作目的	恢复正确连接	
	操作说明	仔细核对，按照 U1 W2、V1 U2、W1 V2 的方式将 U2 V2W2 三根绕组引出线重新连接起来，接线完成后用数字万用表再次检测，显示的阻值为"1"，说明正常	

05 最终判断结果：电动机引出线 U2 V2W2 连接错误，导致未能连接成三角形。

06 通电试车：按照"第 6 步 旋转电动机，累后尽开颜"再次进行试车。

8.3 **考核评价：安装、调试与排故评分**

实训项目评分细则，如表 8-5 所示。

表 8-5　实训项目评分细则

评分内容	配分	评分标准	扣分	得分
装前检查	5 分	1. 电器元器件漏检或错检，每只扣 5 分 2. 检查时间外更换元器件，每只扣 5 分		
安装元器件	15 分	1. 控制板上元器件不符合要求：元器件安装不牢固（有松动），布置不整齐、不匀称、不合理，每只扣 5 分 2. 漏装螺钉、元器件安装错误，每只扣 3 分 3. 损坏元器件，每只扣 15 分		
布线	35 分	1. 布线不符合要求：主电路，每根扣 3 分；控制电路，每根扣 2 分 2. 试车正常，但不按电路图接线，扣 10 分 3. 接点松动、反圈、接点导线露铜过长、压绝缘层：主电路，每个扣 2 分；控制电路，每个扣 1 分 4. 主、控电路布线不平整，有弯曲，有交叉，有架空等，每处扣 5 分 5. 损伤导线绝缘或线芯，每根扣 5 分 6. 漏接接地线，扣 10 分		
通电试车	30 分	1. 热继电器值未整定，扣 10 分 2. 配错熔体，主、控电路各扣 5 分 3. 操作顺序错误，每次扣 10 分 4. 第一次试车不成功，扣 10 分；第二次试车不成功，扣 20 分		
安全文明生产	15 分	1. 违反安全文明生产规程，扣 5 分 2. 乱线敷设，加扣不安全分，扣 5 分 3. 实训结束后，不整理清扫工位，扣 5 分		
装调总分（各项内容的最高扣分不应超过配分数）				

模拟排故评分细则，如表 8-6 所示。

表 8-6　模拟排故评分细则

评分内容	配分	评分标准	扣分	得分
故障分析	30 分	1. 故障现象不明确，故障分析排故思路不正确，每个扣 10 分 2. 标错电路故障范围，每个扣 10 分		
排除故障	60 分	1. 停电不验电，扣 5 分 2. 工具及仪表使用不当，每次扣 5 分 3. 排除故障的顺序不对，扣 5~10 分 4. 不能查出故障点，每个扣 20 分 5. 查出故障点，但不能排除，每个扣 10 分 6. 产生新的故障：不能排除，每个扣 30 分；已经排除，每个扣 20 分 7. 损坏电动机，扣 60 分 8. 损坏电器元器件，或排除故障方法不正确，每只扣 30 分		
安全文明生产	10 分	1. 违反安全文明生产规程，扣 5 分 2. 排故工作结束后，不整理清扫工位，扣 5 分		
排故总分（各项内容的最高扣分不应超过配分数）				

● 思考与练习 ●

1. 什么是降压启动？什么情况下能够应用降压启动？
2. 什么是星—三角降压启动？
3. 请画出星—三角降压启动手动控制线路原理图，并写出其工作原理。

项目 *9* 星—三角降压启动自动控制线路的安装、调试与排故

项目描述

安装并调试完成如图 9-1 所示的电动机星—三角降压启动自动控制线路，然后通电试车，最后进行模拟排故训练。

图 9-1   电动机星—三角降压启动自动控制接线效果

学习目标

- 熟悉空气阻尼式时间继电器等低压电器的图形和文字符号、基本结构。
- 掌握星—三角降压启动自动控制线路的安装与调试，通电试车。
- 掌握基本排故方法。

9.1   相关知识：时间继电器的概念、分类及安装注意事项

1   时间继电器的概念与分类

时间继电器就是从得到动作信号后，经过一定延时时间才使执行部分动作的器件。它主要用于按时间动作的电气控制线路。时间继电器有很多种，主要有电磁式、电动式、空气阻尼式、晶体管式等。

本项目所使用的是空气阻尼式时间继电器，又称气囊式时间继电器，在延时精度要求不高的场合下使用的较多，空气阻尼式时间继电器利用气囊中的空气通过小孔节流的原理来获得一定的延时时间，根据触头延时的特点，可分为通电延时型和断电延时型两种。

（1）时间继电器实物与基本结构

空气阻尼式时间继电器实物与基本结构，如图9-2所示。

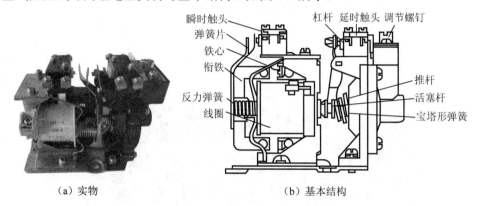

（a）实物　　　　　　　　　　　　　　　　　　（b）基本结构

图9-2　空气阻尼式时间继电器实物与基本结构

（2）时间继电器图形与文字符号

时间继电器图形与文字符号，如图9-3所示。

（a）通电延时线圈　　（b）断电延时线圈　　（c）瞬时闭合常开触头　　（d）瞬时断开常闭触头

（e）延时闭合瞬时断开常开触头（通电延时）　　　　（f）延时断开瞬时闭合常闭触头（通电延时）

（g）瞬时闭合延时断开常开触头（断电延时）　　　　（h）瞬时断开延时闭合常闭触头（断电延时）

图9-3　时间继电器图形与文字符号

2 安装时间继电器的注意事项

1）安装使用时间继电器时，应使时间继电器在断电释放时衔铁的运动方向垂直向下，以防止其受重力而使时间继电器误动作。

2）时间继电器的延时时间，可通过旋钮在不通电状态下预先调节好，并在通电试车时进行校对改正。

3）为了保证人身安全，时间继电器的接地螺钉必须与接地线可靠连接。

9.2　技能训练：装调星—三角降压启动自动控制线路并模拟排故

训练目的

按照操作步骤，设计星—三角降压启动自动控制线路位置图，绘制接线图，并进行实际安装与调试、通电试车、模拟排故。

操作步骤

第1步　读懂原理图，快速选元件

01　识读星—三角降压启动自动控制线路原理图。

电动机星—三角降压启动自动控制线路，如图 9-4 所示。

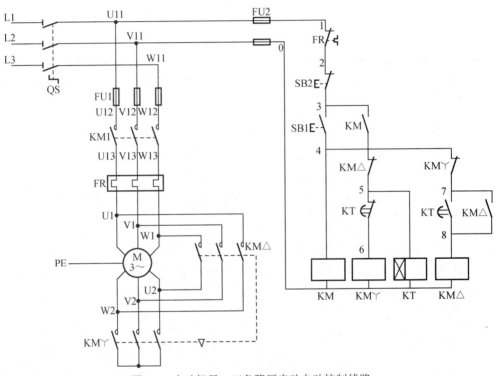

图 9-4　电动机星—三角降压启动自动控制线路

星—三角降压启动控制线路（自动）工作原理如下：

首先，合上转换开关 QS。

【星—三角降压启动】

①$\left\{\begin{array}{l}\text{KT 延时常闭触头先分断} \longrightarrow \text{线圈 KM丫失电} \longrightarrow \text{KM丫所有触头都复位} \\ \text{KT 延时常开触头后闭合} \longrightarrow \text{线圈 KM△得电}\end{array}\right.$ $\left\{\begin{array}{l}\text{KM△主触头闭合} \longrightarrow ② \\ \text{KM△常闭触头分断对 KM丫联锁} ③\end{array}\right.$

②电动机 M 接成三角形连接全压运行。

③线圈 KT 失电 $\longrightarrow$ KT 所有触头都复位。

【停止】

按下按钮 SB2 $\longrightarrow$ 线圈 KM 与 KM△均失电 $\longrightarrow$ 所有触头均复位,电动机 M 停转。

02 选择元器件及耗材。

根据星—三角降压启动控制线路原理图,列出所需的低压元器件及耗材清单,如表 9-1 所示。表 9-1 中低压元器件为训练用参考型号,应用时可根据实际情况进行相应的转换。

表 9-1　元器件明细表及耗材清单

符号	元器件名称	型号	规格	数量
M	三相异步电动机	JW6314	0.18kW, 380V, 0.4A, 1400r/min	1 只
QS	转换开关	HZ10-10/3	三极, 10A	1 个
FU1	主电路熔断器	RL3-15	380V, 15A, 配熔体 10 A	3 只
FU2	控制电路熔断器	RL3-15	380V, 15A, 配熔体 2A	2 只
KM	交流接触器	CJ10-10	10A, 线圈电压 380V	3 只
SB	按钮	LA10-3H	保护式, 380V, 5A, 按钮数 3	1 只
FR	热继电器	JR36-20	额定电流 20A, 1.5~2.4A	1 只
KT	时间继电器	JS7-2A	空气阻尼式 380V	1 只
XT	接线排	JX210-20	380 V, 10A, 20 节	1 条
	控制板	木板	450mm×600mm×40mm	1 块
	主电路导线	BVR- 1.0	1.0mm² 红色软铜线	若干
	控制电路导线	BVR- 1.0	1.0mm² 黄色软铜线	若干
	按钮连接线	BVR-0.75	0.75mm² 蓝色软铜线	若干
	保护接地线	BV- 1.5	1.5mm² 黄绿双色软铜线	若干
	号码管		1.5mm² 白色	若干
	线槽		20mm×40mm	2m

第 2 步　巧布位置图,方便你接线

01 布置星—三角降压启动自动控制线路元器件位置图。

位置图就是根据电器元器件在控制板上的实际安装位置,而采用简化的外形符号(如正方形、矩形、圆形等)而绘制的一种简图。图中各电器的文字符号必须与电路图和接线图的标注一致。

星—三角降压启动自动控制线路元器件安装参考位置,如图 9-5 所示。

02 检测元器件。

安装元器件之前需要进行检测,保证元器件的可靠性,以保障电路运行的正确性。检验元器件的质量应在不通电的情况下，用数字万用表电阻挡检查各触点的分、合情况是否良好。

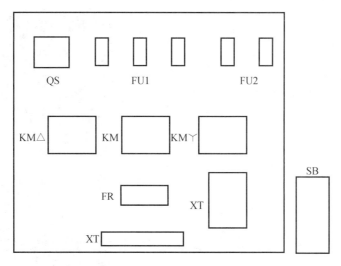

图 9-5　星—三角降压启动自动控制线路元器件安装参考位置

各元器件检测过程，如表 1-2 和表 2-2 所示。时间继电器检测过程，如表 9-2 所示。

表 9-2　时间继电器检测说明

内容	检测方法	检测示意图
时间继电器	目测接点螺钉是否脱落，如有损坏，则需更换。 数字万用表置于欧姆挡，选择"200"挡位，测量各组常开、常闭触点的通断。常闭触点接通电阻为"0"，常开触点断开电阻为"无穷大"。若检测结果不对，则需更换	

续表

内容	检测方法	检测示意图
时间继电器	宝塔形机构操作是否灵活（若有卡阻现象，则需更换），延时是否正常，人为地用手使时间继电器线圈得电动作	
	数字万用表置于欧姆挡，选择"2k"挡位，测量线圈的阻值。一般阻值为 1.2 kΩ 左右。若检测结果不对，则需更换	
	用螺钉旋具调节时间旋钮是否灵活、有无卡阻等现象	

固定好后的元器件实际位置效果，如图 9-6 所示。

图 9-6　元器件实际位置效果

第 3 步 细绘接线图，工艺尽在手

根据元器件位置图，形象地描绘出各元器件的各部分（形象地用符号表示出元器件实物），按照原理图进行合理的布线，认真细致地绘制电路的接线图。

星—三角降压启动自动控制线路主电路参考接线，如图 8-6（a）所示，控制电路参考接线，如图 9-7 所示。

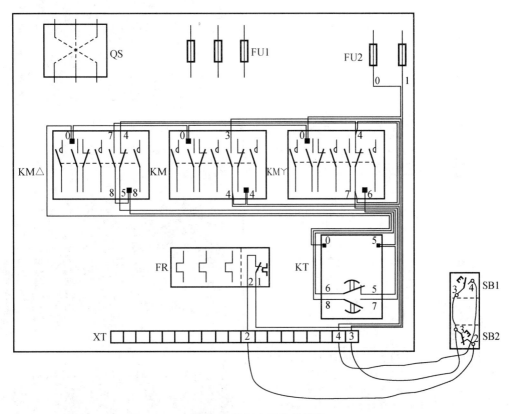

图 9-7 控制电路参考接线

第 4 步 慢接电路图，完美线工艺

对照星—三角降压启动返控制线路原理图，根据绘制的参考接线图，进行合理美观的接线。接线的一般步骤：**先接控制线路**，**再接主电路**，然后接电动机，**最后接电源**。星—三角降压启动自动控制线路接线过程，如表 9-3 所示。

表9-3　接线过程图解说明

线号	操作内容说明		实际接线示意图
1号线	接线要领说明	1号线有2个同电位点。将FU2（右边）的下接线柱接到FR（左边）的接线柱上	
	原理图解说明	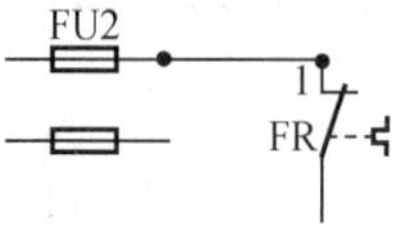	
2号线	接线要领说明	2号线有2个同电位点。将FR（右边）的接线柱接到接线排，然后接到SB2（红色）常闭触点的一端	
	原理图解说明	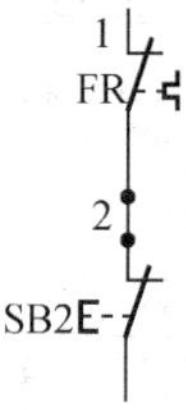	
3号线	接线要领说明	3号线有3个同电位点。先将SB2（红色）常闭触点剩下的一端与SB1（绿色）常开触点的一端相接，然后接到接线排过渡，再接到KM常开辅助触头（第4个接头）的上接线柱	
	原理图解说明	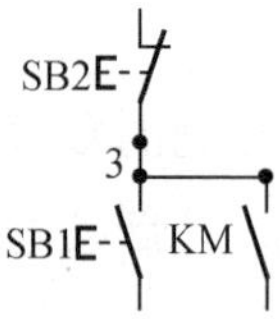	

线号	操作内容说明		实际接线示意图
4 号线	接线要领说明	4 号线有 5 个同电位点。先将 KM 常开触头（第 4 个接头）下接线柱与线圈 KMY 下接线柱相连，然后与 KMY 的常闭触头（第 4 个接头）上接线柱和 KM△ 的常闭触头（第 4 个接头）上接线柱相连，并接到接线排过渡；再与 SB1（红色）常闭触点剩下的一端相连	
	原理图解说明		
5 号线	接线要领说明	5 号线有 3 个同电位点。先将 KT 延时常闭触头（右边）一端与线圈 KT（右边）一端相连，然后与 KM△ 的常闭触头（第 4 个接头）下接线柱相连	
	原理图解说明		
6 号线	接线要领说明	6 号线有 2 个同电位点。将 KT 延时常闭触头（左边）一端与线圈 KMY 下接线柱相连	
	原理图解说明		

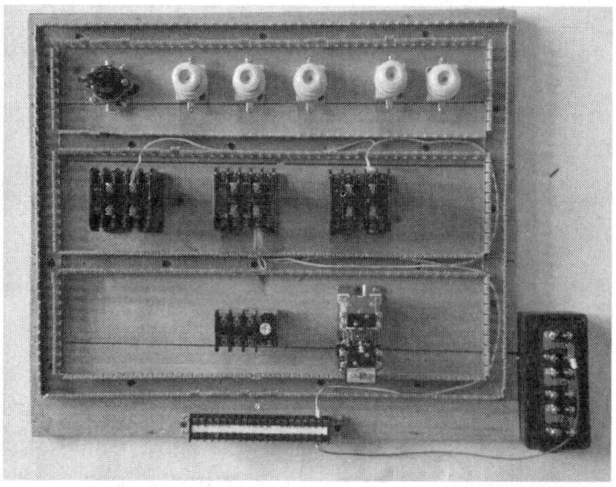

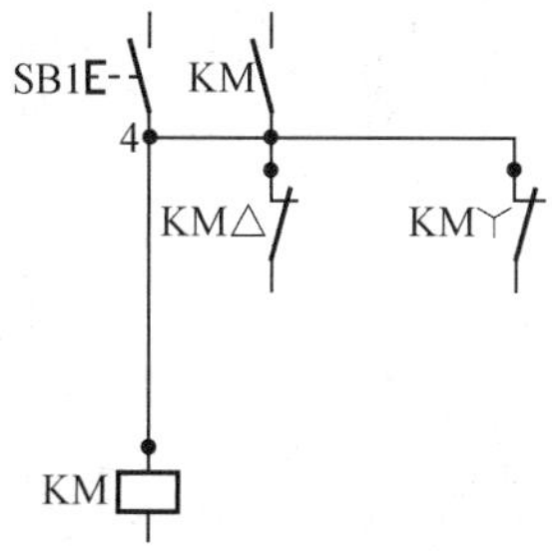

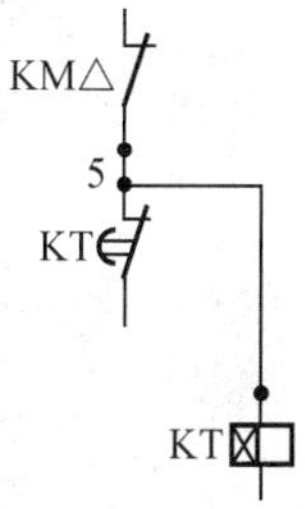

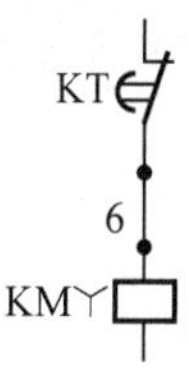

线号	操作内容说明		实际接线示意图
7号线	接线要领说明	7号线有3个同电位点。将KM丫常闭触头（第4个接头）下接线柱与KM△常开触头（第4个接头）上接线柱相连，再与KT延时常开触头（右边）一端相连	
	原理图解说明	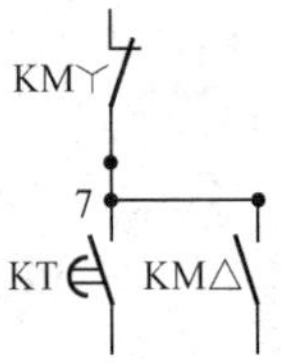	
8号线	接线要领说明	8号线有3个同电位点。先将KM△常开触头（第4个接头）下接线柱与线圈KM△相连，再与KT延时常开触头（左边）相连	
	原理图解说明	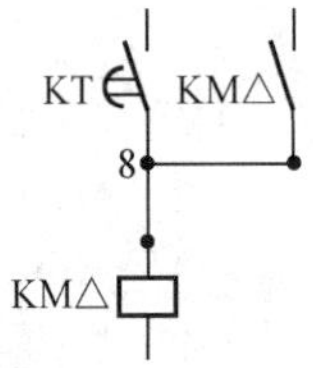	
0号线	接线要领说明	0号线有5个同电位点。先将KT线圈（左边）一端、接触线圈KM上接线柱、线圈KM丫上接线柱和线圈KM△上接线柱相连，再与熔断器FU2（左边）下接线柱相连	
	原理图解说明	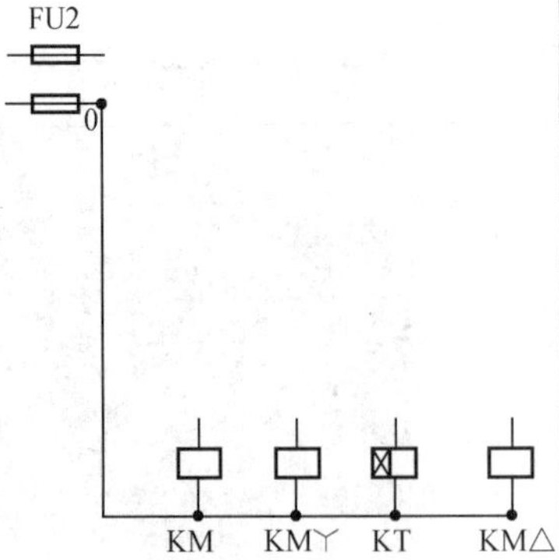	

最终完成接线后的星—三角降压启动自动控制实物，如图9-1所示。

第 5 步　活用欧姆挡，结果早知道

对于安装完成的控制线路，通电前自检是安全通电试车的重要保证。

01　目测，主要按电路原理图或绘制的接线图，逐段核对接线及接线端子处线号是否正确，有无漏接、错接。检查导线接点是否符合要求，有无反圈、露铜过长、压绝缘等故障，接点接触是否良好等。

02　应用数字万用表进行检测，主要检测熔断器的通断、控制电路的通断及部分触点的通断情况。熔断器通断自检，如表 1-4 所示。数字万用表自检操作方法，如表 9-4 所示。

表 9-4　数字万用表自检操作方法

自检内容	操作要领解析	操作方法
检测控制线路通断情况	将数字万用表置于欧姆挡，选择"2k"挡位，红黑表笔跨接在 FU2 的下接线柱，此时按下启动按钮 SB1(绿色)，显示的数字为".545"(此时的阻值是 KM、KMY、KT 三个线圈并联的阻值)，说明控制电路正确。 　如果显示为其他数值，则说明控制电路有问题，需要进行维修	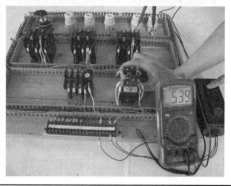
	将数字万用表置于欧姆挡，选择"2k"挡位，红黑表笔跨接在 FU2 的下接线柱，此时使 KM 动作，显示的数字为".543"(此时的阻值是 KM、KMY、KT 三个线圈并联的阻值)，说明控制电路正确。 　如果显示为其他数值，则说明控制电路有问题，需要进行维修	
	将数字万用表置于欧姆挡，选择"2k"挡位，红黑表笔跨接在 FU2 的下接线柱，此时按下启动按钮 SB1(绿色)并人为按住线圈 KT 使其吸合动作，显示的数字为".545"(检测结果动作前应该是 KM、KMY、KT 三个线圈并联的阻值；动作后应该是 KM、KM△、KT 三个线圈并联的阻值)，说明控制电路正确	

续表

自检内容	操作要领解析	操作方法
检测控制线路通断情况	将数字万用表置于欧姆挡，选择"2k"挡位，红黑表笔跨接在 FU2 的下接线柱，此时按下启动按钮 SB1(绿色)并用螺钉旋具使 KM△动作，显示的数字为"·992"（此时的阻值是 KM 与 KM△两个线圈并联的阻值），说明控制电路正确。 如果显示为其他数值，则说明控制电路有问题，需要进行维修	

> **小贴士**
>
> 自检时，主要检测当按钮或接触器人为动作时，熔断器 FU2 两端线圈的电阻值是否正常。具体操作时将数字万用表置于欧姆挡（$2\,k\Omega$ 挡位），红黑表笔跨接在 FU2 的下接线柱，通过如表 9-4 所示的操作，如果数字万用表指示线圈阻值为 $1.8\,k\Omega$ 左右，则说明控制电路正确；若阻值为 0，则说明线圈短路；若阻值为无穷大，则说明线圈断路或控制电路不通，需进一步检测修复。

按照以上数字万用表自检方法检测后，如果符合要求，则说明自检合格；如果不符合要求，则需进行检修，待自检合格后，再进行第 6 步的操作。

第 6 步 旋转电动机，累后尽开颜

星—三角降压启动自动控制线路通电试车操作步骤如下：

01 通电时，先合上三相电源开关，再合上转换开关 QS，启动时先按下启动按钮 SB1，电动机接成星形并启动，经过一段时间延时 T s 后，电动机自动接成三角形运行。

02 需要停止时，先按下停止按钮 SB2，再断开转换开关 QS，最后切断三相电源开关。

> **小贴士**
>
> 延时时间的长短可以通过时间继电器的螺母进行调节。将通电延时型时间继电器的线圈部分旋转180°后，就成为断电延时型时间继电器。

电动机通电试车接线效果，如图 9-8 所示。

图 9-8　电动机通电试车接线效果

第 7 步　模拟排故障，经验日积累

在实训过程中，模拟故障有很多方法。例如，可以用绝缘胶带将原先接通的触点隔断，可以将连接的导线剪断，可以以损坏的元器件代替好的元器件，可以用纸片设置接触不良等。

01　模拟设置故障：将 KT 延时常开触头的 7 号线接到 KM丫常闭触点（下接线柱）压绝缘，使其处于断开状态。

02　描述故障现象：按下启动按钮 SB1，电动机以星形方式正常启动；经过 KT 的延时时间，控制线路 KM丫接触器自动断开，但是 KM△接触器不动作，电动机无法切换为三角形，不能停止工作。

03　根据现象分析，理清排故思路。

星形方法能够自动切断，说明 KT 时间继电器工作正常。KM△接触器不动作，说明该控制回路存在问题，所以要检查 KM△控制电路。先检查公共支路，4 和 0 号线；没有问题后再检查 7 和 8 号线。

04　排故。图解排故过程，如表 9-5 所示。

表 9-5　排故过程图解说明

步骤		操作内容	图解操作步骤
第1步	操作目的	检查 4 号线是否存在问题	
	操作说明	将数字万用表置于欧姆挡，选择"200"挡位，检查 KM丫常闭触点（上接线柱）与 4 号线（KM 常开触点第 4 个接头下接线柱）是否接通，检测后显示的数字接近于"0"，说明正常	

步骤		操作内容	图解操作步骤
第2步	操作目的	检查0号线是否存在问题	
	操作说明	将数字万用表置于欧姆挡,选择"200"挡位,检查线圈KM△线圈(上接线柱)与FU2(左边)下接线柱是否接通,检测后显示的数字接近于"0",说明正常	
第3步	操作目的	4号和0号线都没有问题,再检查7号线是否存在问题	
	操作说明	将数字万用表置于欧姆挡,选择"200"挡位,检测KM丫常闭触点(第4个接头)下接线柱与KM△常开触点(第4个接头)上接线柱是否断开,检测后显示的数字接近于"0",说明正常	
第4步	操作目的	检查7号线是否存在问题	
	操作说明	将数字万用表置于欧姆挡,选择"200"挡位,检测KM丫常闭触点(第4个接头)下接线柱与KT延时常开触点(右边)是否断开,检测后显示的数字为"1",说明存在问题	
第5步	操作说明	仔细检查7号线,发现连接到KM丫常闭触点下接线柱的触点存在压绝缘故障。检修后恢复正常	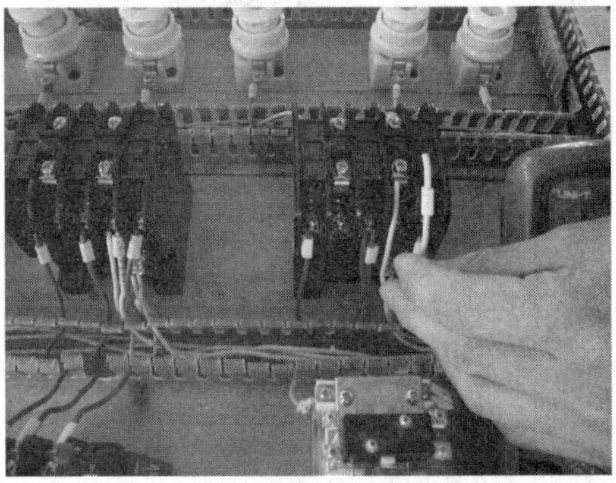

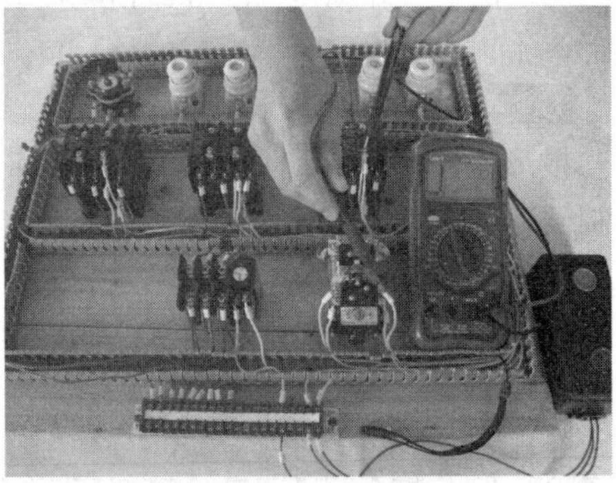

05 最终判断结果：7 号线其中一个连接压绝缘（KT 延时常开触头 7 号线未接通）。

06 通电试车：按照"第 6 步 旋转电动机，累后尽开颜"再次进行试车。

9.3 考核评分：安装、调试与排故评分

安装与调试评分细则，如表 9-6 所示。

表 9-6 安装与调试评分细则

评分内容	配分	评分标准	扣分	得分
装前检查	5 分	1. 电器元器件漏检或错检，每只扣 5 分 2. 检查时间外更换元器件，每只扣 5 分		
安装元器件	15 分	1. 控制板上元器件不符合要求：元器件安装不牢固（有松动），布置不整齐、不匀称、不合理，每只扣 5 分 2. 漏装螺钉、元器件安装错误，每只扣 3 分 3. 损坏元器件，每只扣 15 分		
布线	35 分	1. 布线不符合要求：主电路，每根扣 3 分；控制电路，每根扣 2 分 2. 试车正常，但不按电路图接线，扣 10 分 3. 接点松动、反圈、接点导线露铜过长、压绝缘层：主电路，每个扣 2 分；控制电路，每个扣 1 分 4. 主、控电路布线不平整，有弯曲，有交叉，有架空等，每处扣 5 分 5. 损伤导线绝缘或线芯，每根扣 5 分 6. 漏接接地线，扣 10 分		
通电试车	30 分	1. 热继电器值未整定，扣 10 分 2. 时间继电器整定值（6±2）s，误差 1s，扣 2 分 3. 配错熔体，主、控电路各，扣 5 分 4. 操作顺序错误，每次，扣 10 分 5. 第一次试车不成功，扣 10 分；第二次试车不成功，扣 20 分		
安全文明生产	15 分	1. 违反安全文明生产规程，扣 5 分 2. 乱线敷设，加扣不安全分，扣 5 分 3. 实训结束后，不整理清扫工位，扣 5 分		
装调总分（各项内容的最高扣分不应超过配分数）				

模拟排故评分细则，如表 9-7 所示。

表 9-7 模拟排故评分细则

评分内容	配分	评分标准	扣分	得分
故障分析	30 分	1. 故障现象不明确，故障分析排故思路不正确，每个扣 10 分 2. 标错电路故障范围，每个扣 10 分		
排除故障	60 分	1. 停电不验电，扣 5 分 2. 工具及仪表使用不当，每次扣 5 分 3. 排除故障的顺序不对，扣 5~10 分 4. 不能查出故障点，每个扣 20 分 5. 查出故障点，但不能排除，每个故障扣 10 分		

续表

评分内容	配分	评分标准	扣分	得分
排除故障	60 分	6. 产生新的故障：不能排除，每个扣 30 分；已经排除，每个扣 20 分 7. 损坏电动机，扣 60 分 8. 损坏电器元器件，或排除故障方法不正确，每只扣 30 分		
安全文明生产	10 分	1. 违反安全文明生产规程，扣 5 分 2. 排故工作结束后，不整理清扫工位，扣 5 分		
排故总分（各项内容的最高扣分不应超过配分数）				

思考与练习

1. 什么是时间继电器？

2. 请画出通电延时、断电延时型时间继电器的图形符号，写出其文字符号。

3. 请画出星—三角降压启动自动控制线路原理图，并写出其工作原理。

4. 分析如图 9-9 所示的时间继电器控制星—三角降压启动控制线路原理图的工作原理。

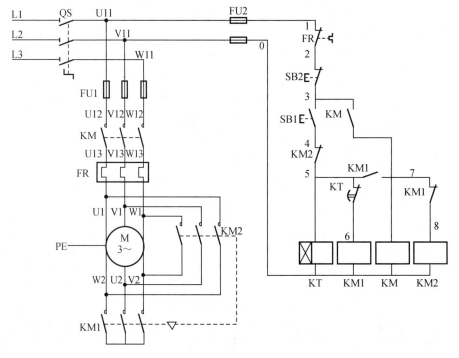

图 9-9 题图

双速电动机调速控制线路的
安装、调试与排故

项目描述

安装并调试完成如图 10-1 所示的双速异步电动机调速控制线路，然后通电试车，最后进行模拟排故训练。

图 10-1　双速异步电动机星调速控制接线效果

学习目标

● 熟悉双速异步电动机定子绕组 △/丫丫 调速的概念。

● 掌握双速异步电动机调速控制线路的安装与调试，通电试车。

● 掌握基本排故方法。

10.1　相关知识：双速异步电动机的基本认知

由三相异步电动机的转速公式 $n=(1-s)60f_1/p$ 可以看出，通过改变转差率 s、改变电源频率 f_1 和改变磁极对数 p 都可以改变异步电动机的转速。鼠笼异步电动机使用广泛的方法是改变磁极对数 p，它是有级调速的。磁极对数可改变的电动机称为多速电动机。

本书主要介绍双速异步电动机定子绕组△（三角形）变换为丫丫(双星形)的方式，接线方式如图10-2所示。当绕组接成三角形时，$2p=4$ 是 4 极电动机，同步转速为1500r/min，此时电动机为低速；当绕组接成双星形时，$2p=2$ 是 2 极电动机，同步转速为3000r/min，此时电动机为高速，且速度为低速的 2 倍。

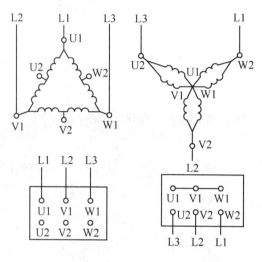

（a）三角形连接（$2p=4$）　（b）双星形连接（$2p=2$）

图10-2　双速电动机定子绕组接线方式

> **小贴士**
>
> 　当双速电动机定子绕组从三角形变换为双星形时，电源相序必须调换，以保证变换后电动机的旋转方向不变。

从图中可以看出，三相定子绕组接成三角形时，三相电源分别接在出线端 U1、V1、W1 上，另外 3 个出线端 U2、V2、W2 不接线，此时电动机为低速；三相定子绕组接成双星形时，三相电源分别接在出线端 U2、V2、W2 上，另外 3 个出线端 U1、V1、W1 并联连接在一起，此时电动机为高速。

10.2　技能训练：装调双速电动机调速控制线路并模拟排故

训练目的

按照操作步骤，设计双速电机调速控制线路位置图，绘制接线图，并进行实际安装与调试、通电试车、模拟排故。

操作步骤

第 1 步　读懂原理图，快速选元件

01　识读双速电动机调速控制线路原理图。

双速电动机调速控制线路，如图 10-3 所示。

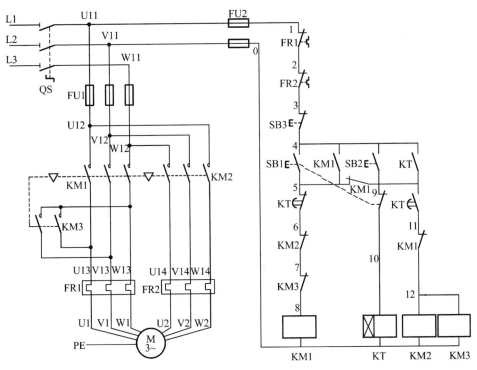

图 10-3　双速电动机调速控制线路

双速电动机调速控制线路工作原理如下：

首先，合上电源开关 QS。

【先低速，后高速】

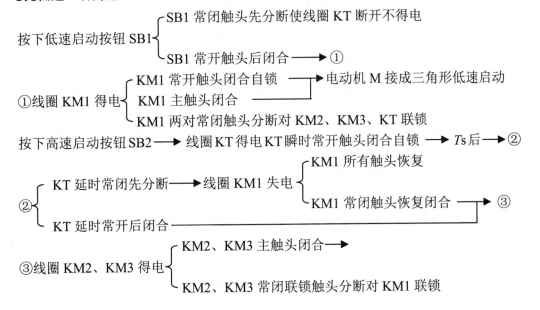

停止时按下按钮 SB3，线圈 KT、KM2、KM3 失电，所有触头复位，电动机 M 停止运行。

【直接高速启动】

根据"先低速，后高速"的工作原理，读者可自行分析。

> **小贴士**
>
> 双速电动机直接高速启动（按下按钮 SB2）时，控制线路运行过程也是先低速（三角形）运行，然后自动切换到高速（双星形）运行。

02 选择元器件及耗材。

根据双速异步电动机调速控制线路原理图，列出所需的低压元器件及耗材清单，如表 10-1 所示。表 10-1 中低压元器件为训练用参考型号，应用时可根据实际情况进行相应的转换。

表 10-1 元器件明细表及耗材清单

符号	元器件名称	型号	规格	数量
M	三相异步电动机	JW6314	0.18kW，380V，0.4A，1400r/min	1 只
QS	转换开关	HZ10-10/3	三极，10A	1 个
FU1	主熔断器	RL1-15	380V，15A，配熔体 10 A	3 只
FU2	控制熔断器	RL1-15	380V，15A，配熔体 2A	2 只
KM	交流接触器	CJT1-10	10A，线圈电压，380V	3 只
SB	按钮	LA4-3H	保护式，380V，5A，按钮数 3	1 只
KT	时间继电器	JS7-2A	空气阻尼式，380V	1 只
XT	接线排	DT15-20	380 V，10A，20 节	1 条
	主电路导线	BVR-1.0	1.0mm² 红色硬铜线	若干
	控制电路导线	BVR-1.0	1.0mm² 黄色硬铜线	若干
	按钮连接线	BVR-0.75	0.75mm² 蓝色软铜线	若干
	保护接地线	BVR-1.5	1.5mm² 黄绿双色软铜线	若干
	号码管		1.5mm² 白色	若干
	线槽		20mm×40mm	2m

第 2 步 巧布位置图，方便你接线

01 布置双速电动机控制线路元器件位置图。

位置图就是根据电器元器件在控制板上的实际安装位置，而采用简化的外形符号（如正方形、矩形、圆形等）而绘制的一种简图。图中各电器的文字符号必须与电路图和接线图的标注一致。

双速电动机控制线路元器件安装参考位置，如图 10-4 所示。

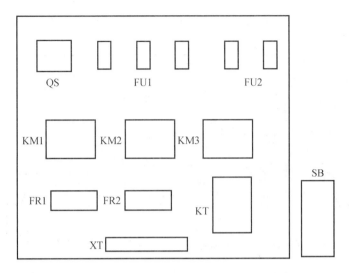

图 10-4　双速电动机控制线路元器件安装参考位置

02 检测元器件。

安装元器件之前需要进行检测，保证元器件的可靠性，以保障电路运行的正确性。检验元器件质量应在不通电的情况下，用数字万用表电阻挡检查各触点的分、合情况是否良好。

各元器件检测过程，如表 1-2、表 2-2 和表 9-2 所示。固定好后的元器件实际位置效果，如图 10-5 所示。

图 10-5　固定好后的元器件实际位置效果

第 3 步　细绘接线图，工艺尽在手

根据元器件位置图，形象地描绘出各元器件的各部分（形象地用符号表示出元器件实物），按照原理图进行合理的布线，认真细致地绘制电路的接线图。

双速电动机调速控制线路主电路参考接线，如图 10-6（a）所示，控制电路接线，如图 10-6（b）所示。

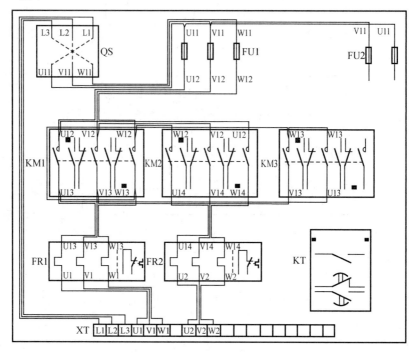

（a）主电路参考接线

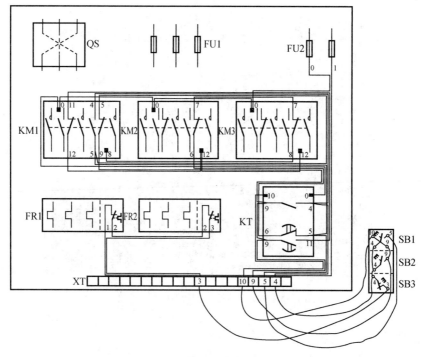

（b）控制电路参考接线

图 10-6 双速电动机调速控制线路参考接线

第 4 步　慢接电路图，完美线工艺

对照双速电动机控制线路原理图，根据绘制的参考接线图，进行合理美观的接线。接线的一般步骤：**先接控制线路，再接主电路，然后接电动机，最后接电源。**

双速电动机控制线路接线过程，如表 10-2 所示。

表 10-2　接线过程图解说明

线号		操作内容说明	实际接线示意图
1号线	接线要领说明	1 号线有 2 个同电位点。将 FU2（右边）的下接线柱接到 FR1（左边）的一端	
	原理图解说明	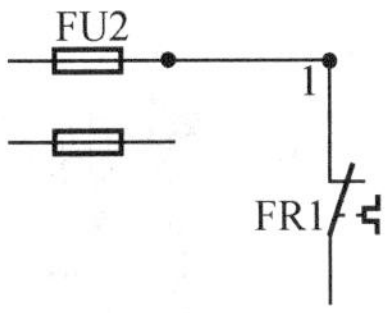	
2号线	接线要领说明	2 号线有 2 个同电位点。将 FR1（右边）的另一端接到 FR2（左边）的一端	
	原理图解说明	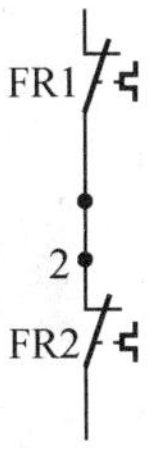	
3号线	接线要领说明	3 号线有 2 个同电位点。将 FR2（右边）的另一端先接到接线排，再接到 SB3(红色)的一端	
	原理图解说明	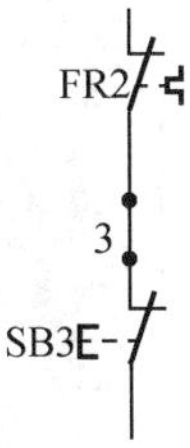	

线号		操作内容说明	实际接线示意图
4号线	接线要领说明	4号线有 5 个同电位点。先将 SB3（红色）的剩余一端与 SB1（绿色）和 SB2（黑色）的一端相接并连接到接线排，再将 KM1 常开触点（第 4 个接头）上接线柱与 KT 常开触点（右边）接线柱相接后与接线排上按钮引出的公共点相接	
	原理图解说明	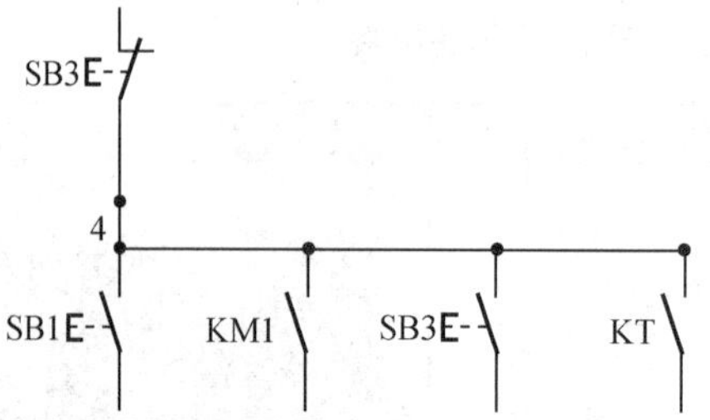	
5号线	接线要领说明	5号线有 4 个同电位点。先将 SB1（绿色）的剩余一端连接到接线排，再将 KM1 常闭触点（第 4 个接头）上接线柱与 KM1 常开触点（第 4 个接头）下接线柱连接起来，然后与 KT 延时常闭触点（右边）接线柱相接后与接线排上的点相接	
	原理图解说明	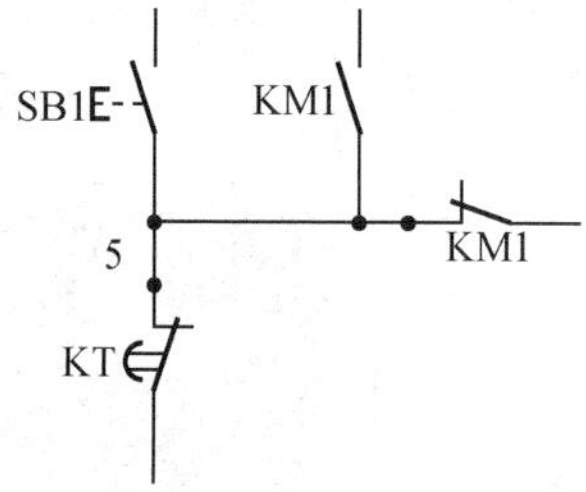	
6号线	接线要领说明	6号线有 2 个同电位点。将 KM2 常闭触点（第 4 个接头）下接线柱与 KT 延时常闭触点（左边）接线柱相接	
	原理图解说明		
7号线	接线要领说明	7号线有 2 个同电位点。将 KM2 常闭触点（第 4 个接头）上接线柱与 KM3 常闭触点（第 4 个接头）上接线柱相接	
	原理图解说明		

续表

线号	操作内容说明		实际接线示意图
8号线	接线要领说明	8号线有2个同电位点。将KM3常闭触点（第4个接头）下接线柱与线圈KM1下接线柱相接	
	原理图解说明	KM3 8 KM1	
9号线	接线要领说明	9号线有5个同电位点。先将SB1(绿色)常闭触点一端与 SB2（黑色）常开触点剩余一端相接并连接到接线排，然后将KM1常闭触点（第4个接头）下接线柱与KT顺时常开触点（左边）和KT延时常开触点（左边）相接后连接到接线排上对应的点	
	原理图解说明	SB1E SB2E KM1 KT 9 KT	
10号线	接线要领说明	10号线有2个同电位点。将SB1常闭触点（绿色）剩余一端与线圈KT（左边）接线柱相接	
	原理图解说明	SB1E 10 KT	
11号线	接线要领说明	11号线有2个同电位点。将KT延时常闭触点（右边）接线柱与KM1常闭触点（第2个接头）上接线柱相接	
	原理图解说明	KT 11 KM1	

线号	操作内容说明		实际接线示意图
12号线	接线要领说明	12号线有3个同电位点。将KM1常闭触点（第2个接头）下接线柱与线圈KM2、线圈KM3下接线柱相接	
	原理图解说明		
0号线	接线要领说明	0号线有5个同电位点。先将线圈KT（右边）一端、线圈KM1上接线柱、线圈KM2上接线柱和线圈KM3上接线柱相接，然后与FU2（左边）下接线柱相接	
	原理图解说明		
L1 L2 L3	接线要领说明	L1、L2、L3各有2个同电位点。由接线排接到转换开关QS上端的3个接线柱	
	原理图解说明		
U11 V11 W11	接线要领说明	U11、V11各有3个同电位点，W11有2个同电位点。先将QS下端3个接线柱与FU1上接线柱分别相接，再从FU1的第1、第2个上接线柱并联连接到FU2的上接线柱	
	原理图解说明		

续表

线号		操作内容说明	实际接线示意图
U12 V12 W12	接线要领说明	U12、V12、W12 各有 3 个同电位点。将 FU1 下接线柱、KM1 主触点(第 1、3、5 个接头)上接线柱与 KM2 主触点(第 1、3、5 个接头)上接线柱相接	
	原理图解说明	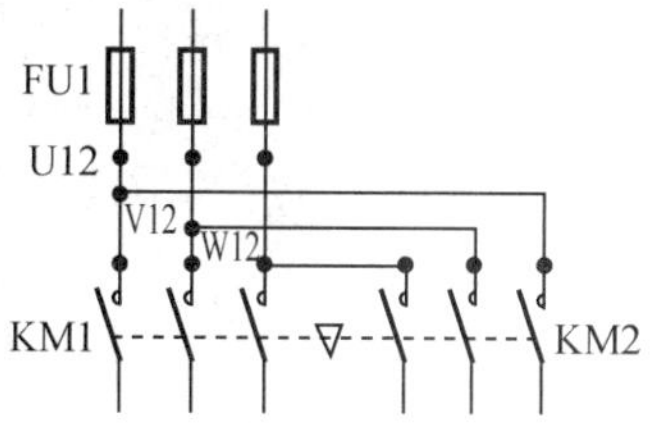	
U13 V13 W13	接线要领说明	U13、V13 各有 3 个同电位点，W13 有 4 个同电位点。先将 KM1 主触点(第 1、3、5 个接头)下接线柱与 FR1 上接线柱相接。然后从 KM1 主触点(第 1、3 个接头)下接线柱引出导线与 KM3 主触点(第 1、3 个接头)下接线柱相接。最后从 KM1 主触点(第 5 个接头)下接线柱引出导线与 KM3 主触点(第 1、3 个接头)上接线柱相接	
	原理图解说明	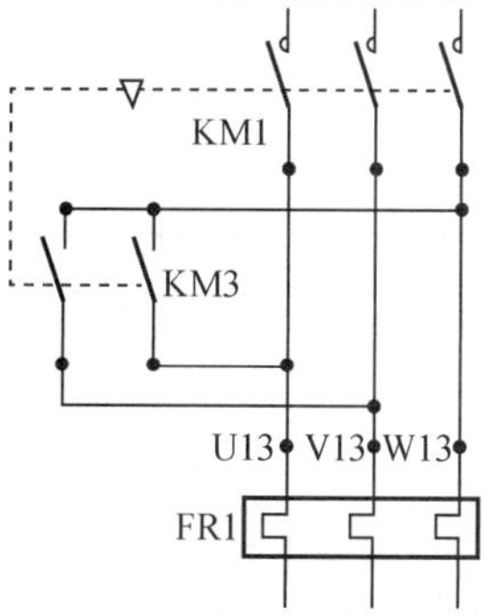	
U14 V14 W14	接线要领说明	U14、V14、W14 各有 2 个同电位点。分别将 KM2 主触点(第 1、3、5 个接头)下接线柱与 FR2 主触点上接线柱相接	
	原理图解说明	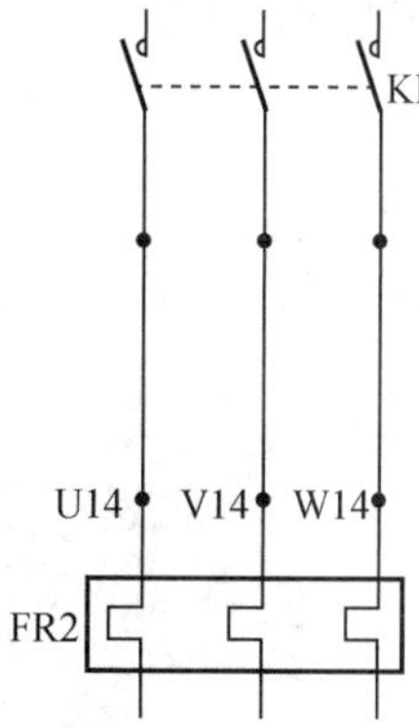	

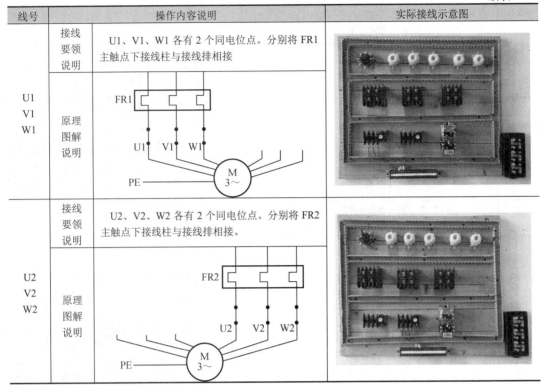

线号	操作内容说明		实际接线示意图
U1 V1 W1	接线要领说明	U1、V1、W1 各有 2 个同电位点。分别将 FR1 主触点下接线柱与接线排相接	
	原理图解说明		
U2 V2 W2	接线要领说明	U2、V2、W2 各有 2 个同电位点。分别将 FR2 主触点下接线柱与接线排相接。	
	原理图解说明		

最终完成接线后的双速电动机调速控制线路实物，如图 10-1 所示。

第 5 步　活用欧姆挡，结果早知道

对于安装完成的控制线路，通电前自检是安全通电试车的重要保证。

01　目测，主要按电路原理图或绘制的接线图，逐段核对接线及接线端子处线号是否正确，有无漏接、错接。检查导线接点是否符合要求，有无反圈、露铜过长、压绝缘等故障，接点接触是否良好等。

02　应用数字万用表进行检测，主要检测熔断器的通断、控制电路的通断及部分触点的通断情况。熔断器的通断自检如表 1-4 所示。数字万用表自检操作方法如表 10-3 所示。

表 10-3　数字万用表自检操作方法

自检内容	操作要领解析	操作示意图
检测控制线路通断情况	将数字万用表置于欧姆挡，选择"2k"挡位，红黑表笔跨接在 FU2 的下接线柱，此时按下低速启动按钮 SB1(绿色)，显示的数字为"1.8"左右，说明控制电路正确。如果显示为其他数值，则说明控制电路有问题，需要进行维修	

续表

自检内容	操作要领解析	操作示意图
	将数字万用表置于欧姆挡，选择"2k"挡位，在 FU2 的下接线柱，此时使 KM1 动作，显示的数字为"1.8"左右，说明控制电路正确。 　　如果显示为其他数值，则说明控制电路有问题，需要进行维修	
检测控制线路通断情况	将数字万用表置于欧姆挡，选择"2k"挡位，红黑表笔跨接在 FU2 的下接线柱，此时按下高速启动按钮 SB2(黑色)，显示的数字为"0.8"左右（阻值为 KM1、KT 两个线圈并联的阻值），说明控制电路正确。 　　如果显示为其他数值，则说明控制电路有问题，需要进行维修	
	将数字万用表置于欧姆挡，选择"2k"挡位，红黑表笔跨接在 FU2 的下接线柱，此时人为操作 KT 时间继电器动作，未动作时显示的数字为"0.752"（阻值为 KM1、KT 两个线圈并联的阻值），说明控制电路正确；动作时显示的数字为"0.5"左右（阻值为 KT、KM2、KM3 3 个线圈并联的阻值），说明控制电路正确	
检测控制线路通断情况	如果显示为其他数值，则说明控制电路有问题，需要进行维修	

小贴士

自检时，主要是检测当按钮或接触器人为动作时，熔断器 FU2 两端检测的线圈的电阻值是否正常。具体操作时将数字万用表置于欧姆挡（2 kΩ 挡位），红黑表笔跨接在 FU2 的下接线柱，通过如表 10-4 所示的操作，如果数字万用表指示线圈阻值为 1.8 kΩ 左右，则说明控制电路正确；若阻值为 0，则说明线圈短路；若阻值为无穷大，则说明线圈断路或控制电路不通，需进一步检测修复。

按照以上数字万用表自检方法检测后，如果符合要求，则说明自检合格；如果不符合要求，则需进行检修，待自检合格后，再进行第 6 步的操作。

第 6 步　旋转电动机，累后尽开颜

双速电动机控制线路通电试车操作步骤如下：

01 通电时，先合上三相电源开关，再合上转换开关 QS。

02 低速时，按下启动按钮 SB1，按下停止按钮 SB3。

03 高速时，按下启动按钮 SB2，先低速启动，一段时间后自动切换为高速运行，按下停止按钮 SB3，电动机停止运转。

04 试车完毕，先断开转换开关 QS，再切断三相电源开关。

双速电动机通电试车接线效果，如图 10-7 所示。

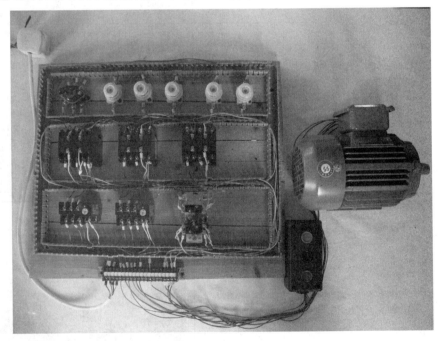

图 10-7　电动机通电试车接线效果

<u>第 7 步</u> 模拟排故障，经验日积累

在实训过程中，模拟故障有很多方法。例如，可以用绝缘胶带将原先接通的触点隔断，可以将连接的导线剪断，可以以损坏的元器件代替好的元器件，可以用纸片设置接触不良等。

01 模拟设置故障：KM1 常闭辅助触头（9 号线）连接点压绝缘。

02 描述故障现象：先低速（先按下按钮 SB1）启动运行，再高速启动运行（再按下按钮 SB2），线路正常，电动机能够低速、高速正常运行；如果先按下按钮 SB2 启动运行，则低速不能启动运行，但是一段时间后能够切换为高速运行。

03 根据现象分析，理清排故思路。

电动机单独低速、高速能够正常运行，说明低速、高速控制回路没有问题。但是直接高速启动时低速不能启动运行，说明低速、高速之间公共的线路存在问题，怀疑 KM1 常闭触头（5～9）存在问题，分别检测 5 和 9 号线是否断开。

04 排故。图解排故过程，如表 10-4 所示。

表 10-4 排故过程图解说明

步骤	操作内容		图解操作步骤
第1步	操作目的	检查 5 号线是否存在问题	
	操作说明	将数字万用表置于欧姆挡，选择"200"挡位，检测 KM1 常闭触点（第4个接头）上接线柱与 KT 延时常闭触点（右边）接线柱是否接通，检测后显示的数字接近于"0"，说明正常。 逐点检测 5 号线，检测后显示的数字接近于"0"，说明正常	

步骤	操作内容		图解操作步骤
第2步	操作目的	检查9号线是否存在问题	
	操作说明	将数字万用表置于欧姆挡，选择"200"挡位，检测KT延时常开触点（右边）接线柱与瞬时常开触点（右边）接线柱是否接通，检测后显示的数字接近于"0"，说明正常。 检测KT延时常开触点（右边）接线柱与KM1常闭触点（第4个接头）下接线柱是否接通，检测后显示的数字为"1"，说明存在问题	
第3步	操作说明	仔细检查9号线KM1常闭触点（第4个接头）下接线柱，打开后发现存在压绝缘故障	

05 最终判断结果：KM1常闭辅助触头（9号线）连接点存在压绝缘故障。

06 通电试车：按照"第6步 旋转电动机，累后尽开颜"再次进行试车。

10.3 考核评价：安装、调试与排故评分

安装与调试评分细则，如表10-5所示。

表 10-5　安装与调试评分细则

评分内容	配分	评分标准	扣分	得分
装前检查	5 分	1. 电器元器件漏检或错检，每只扣 5 分 2. 检查时间外更换元器件，每只扣 5 分		
安装元器件	15 分	1. 控制板上元器件不符合要求：元器件安装不牢固（有松动），布置不整齐、不匀称、不合理，每只扣 5 分 2. 漏装螺钉、元器件安装错误，每只扣 3 分 3. 损坏元器件，每只扣 15 分		
布线	35 分	1. 布线不符合要求：主电路，每根扣 3 分；控制电路，每根扣 2 分 2. 试车正常，但不按电路图接线，扣 10 分 3. 接点松动、反圈、接点导线露铜过长、压绝缘层：主电路，每个扣 2 分；控制电路，每个扣 1 分 4. 主、控电路布线不平整，有弯曲，有交叉，有架空等，每处扣 5 分 5. 损伤导线绝缘或线芯，每根扣 5 分 6. 漏接接地线，扣 10 分		
通电试车	30 分	1. 热继电器值未整定，扣 10 分 2. 时间继电器整定值（6±2）s，误差 1s 扣 2 分 3. 配错熔体，主、控电路各扣 5 分 4. 操作顺序错误，每次扣 10 分 5. 第一次试车不成功，扣 10 分；第二次试车不成功，扣 20 分		
安全文明生产	15 分	1. 违反安全文明生产规程，扣 5 分 2. 乱线敷设，加扣不安全分，扣 5 分 3. 实训结束后，不整理清扫工位，扣 5 分		
装调总分（各项内容的最高扣分不应超过配分数）				

模拟排故评分细则，如表 10-6 所示。

表 10-6　模拟排故评分细则

评分内容	配分	评分标准	扣分	得分
故障分析	30 分	1. 故障现象不明确，故障分析排故思路不正确，每个扣 10 分 2. 标错电路故障范围，每个扣 10 分		
排除故障	60 分	1. 停电不验电，扣 5 分 2. 工具及仪表使用不当，每次扣 5 分 3. 排除故障的顺序不对，扣 5~10 分 4. 不能查出故障点，每个扣 20 分 5. 查出故障点，但不能排除，每个扣 10 分 6. 产生新的故障：不能排除，每个扣 30 分；已经排除，每个扣 20 分 7. 损坏电动机，扣 60 分 8. 损坏电器元器件，或排除故障方法不正确，每只扣 30 分		
安全文明生产	10 分	1. 违反安全文明生产规程，扣 5 分 2. 排故工作结束后，不整理清扫工位，扣 5 分		
排故总分（各项内容的最高扣分不应超过配分数）				

思考与练习

1. 电动机的调速方法有哪几种？
2. 什么是变极调速？
3. 请画出双速电动机调速控制线路原理图，并写出其工作原理。

反接制动控制线路的安装、调试与排故

项目描述

安装并调试完成如图 11-1 所示的电动机反接制动控制线路，然后通电试车，最后进行模拟排故训练。

图 11-1　电动机反接制动控制接线效果

学习目标

- 熟悉速度继电器等低压电器的图形和文字符号、基本结构。
- 熟悉反接制动的概念。
- 掌握星—三角降压启动控制线路（自动）的安装与调试，通电试车。
- 掌握基本排故方法。

11.1　相关知识：制动的概念、反接制动的基本原理、速度继电器

1　制动的概念

当三相异步电动机断开电源后，由于惯性作用需要一段时间才会停止转动，而有些生产机械却需要电动机及时迅速地停车，这就需要对电动机进行制动。

那什么是制动呢？就是给电动机一个与转动方法相反的力矩，使电动机及时迅速停车。常用的制动方法有机械制动和电气制动两大类。机械制动有电磁抱闸制动，电气制动有反

接制动、能耗制动、电容制动和再生发电制动。本书主要介绍反接制动和能耗制动。

2　反接制动的基本原理

反接制动就是通过改变电动机定子绕组的三相电源相序来产生与原有转动方向相反的制动力矩，而迫使电动机迅速停转。应该注意的是，在反接制动过程中，当转速接近于零时，应立即切断电源，否则电动机将反转。

电动机反接制动原理如图 11-2 所示。电动机启动时，三相开关 QS 与上方触头相接，连接电动机定子绕组的 U、V、W 的电源相序为 L1、L2、L3；当进行制动时，将三相开关 QS 与下方触头相接，这时连接电动机定子绕组的 U、V、W 的电源相序为 L2、L1、L3，电源的相序改变，产生制动转矩，使电动机制动停车。

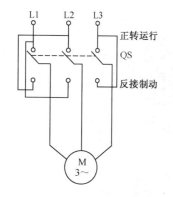

图 11-2　电动机反接制动原理图

反接制动适用于 10kW 以下小容量电动机的制动，当对 4.5kW 以上的电动机进行反接制动时，需在定子绕组回路中串入限流电阻 R，以限制反接制动电流。限流电阻 R 的大小参考以下经验计算公式进行估算。在电源电压为 380V 时，若要使反接制动电流等于电动机直接启动时电流的 0.5 倍，则 $R \approx 1.5 \times 220/I_{ST}$（$I_{ST}$ 为直接启动时的电流）；若要使反接制动电流等于电动机直接启动时的电流，则 $R \approx 1.3 \times 220/I_{ST}$。

反接制动的优点是制动力强，制动迅速；缺点是制动准确性差，制动过程中冲击强烈，易损坏传动零件，制动能量消耗大，不宜经常制动。因此，反接制动一般适用于制动要求迅速、系统惯性较大、不经常启动与制动的场合，如铣床、镗床等主轴的制动控制。

3　速度继电器

反接制动中常利用速度继电器来自动及时地切断电源。速度继电器主要用于电动机的反接制动控制，是以电动机速度的快慢为信号与接触器配合使用的。本书中用鼠笼异步电动机转轴上安装的离心开关代替速度继电器。

（1）速度继电器实物与基本结构图

JFZ0 型速度继电器实物与基本结构，如图 11-3 所示。

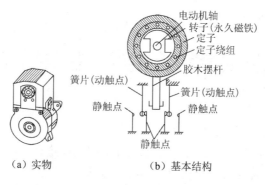

（a）实物　　　　　　　（b）基本结构

图 11-3　JFZ0 型速度继电器实物与基本结构

（2）速度继电器图形与文字符号

速度继电器图形与文字符号，如图 11-4 所示。

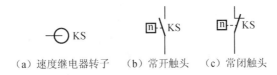

（a）速度继电器转子　（b）常开触头　（c）常闭触头

图 11-4　速度继电器图形与文字符号

（3）安装速度继电器的注意事项

速度继电器转轴应与电动机转轴必须同轴相连，并且应使两轴的中心线重合。速度继电器有一对正转动作触点，一对反转动作触点，在安装接线过程中，注意不能将正反向触头接错，否则就起不到反接制动的作用。

11.2　技能训练：装调反接制动控制线路并模拟排故

训练目的

按照操作步骤，设计反接制动控制线路位置图，绘制接线图，并进行实际安装与调试、通电试车、模拟排故。

操作步骤

第 1 步　读懂原理图，快速选元件

01　识读反接制动控制线路原理图。

电动机反接制动控制线路，如图 11-5 所示。

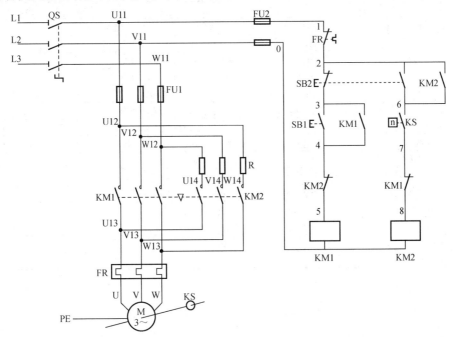

图 11-5　电动机反接制动控制线路

单向启动反接制动控制线路工作原理如下：

首先，合上转换开关 QS。

【启动运行】

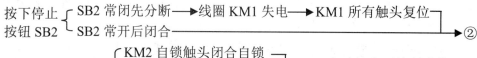

①当电动机转速升高到一定值（120r/min 左右）时 ——→ 速度继电器 KS 常开触头闭合，为反接制动做准备。

【反接制动】

按下停止 ⎰ SB2 常闭先分断 ——→ 线圈 KM1 失电 ——→ KM1 所有触头复位 ⎤
按钮 SB2 ⎱ SB2 常开后闭合 ————————————————————————→ ②

②线圈 KM2 得电 ⎰ KM2 自锁触头闭合自锁 ⎤
                    ⎨ KM2 主触头闭合 ——————→ 电动机定子绕组串接
                    ⎩ KM2 常闭触头分断对 KM1 联锁   电阻 R 反接制动③

③当电动机转速下降到一定值（120r/min 左右）时，速度继电器 KS 常开触头分断④。

④线圈 KM2 失电 ——→ KM2 所有触头复位 ——→ 电动机 M 反接制动结束。

02 选择元器件及耗材。

根据反接制动控制线路原理图，列出所需的低压元器件及耗材清单，如表 11-1 示。表 11-1 中低压元器件为训练用参考型号，应用时可根据实际情况进行相应的转换。

表 11-1　元器件明细表及耗材清单

符号	元器件名称	型号	规格	数量
M	三相异步电动机	JW6314	0.18kW，380V，0.4A，1400r/min	1 只
QS	转换开关	HZ10-10/3	三极，10A	1 个
FU1	主电路熔断器	RL3-15	380V，15A，配熔体 10 A	3 只
FU2	控制电路熔断器	RL3-15	380V，15A，配熔体 2A	2 只
KM	交流接触器	CJ10-10	10A，线圈电压 380V	3 只
SB	按钮	LA10-3H	保护式，380V，5A，按钮数 3	1 只
FR	热继电器	JR36-20	额定电流 20A　1.5～2.4A	1 只
XT	接线排	JX210-20	380 V，10A，20 节	1 条
	控制板	木板	450mm×600mm×40mm	1 块
	主电路导线	BVR-1.0	1.0mm² 红色软铜线	若干
	控制电路导线	BVR-1.0	1.0mm² 黄色软铜线	若干
	按钮连接线	BVR-0.75	0.75mm² 蓝色软铜线	若干
	保护接地线	BV-1.5	1.5mm² 黄绿双色软铜线	若干
	号码管		1.5mm² 白色	若干
	线槽		20mm×40mm	2m

第 2 步　巧布位置图，方便你接线

01 布置反接制动控制线路元器件位置图。

位置图就是根据电器元器件在控制板上的实际安装位置，而采用简化的外形符号（如正方形、矩形、圆形等）而绘制的一种简图。图中各电器的文字符号必须与电路图和接线图的标注一致。

反接制动控制线路元器件安装参考位置，如图 11-6 所示。

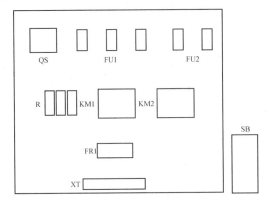

图 11-6　反接制动控制线路元器件安装参考位置

02　检测元器件。

安装元器件之前需要进行检测，保证元器件的可靠性，以保障电路运行的正确性。检验元器件质量应在不通电的情况下，用数字万用表电阻挡检查各触点的分、合情况是否良好。各低压元器件检测过程，如表 1-2 所示。安装好元器件后的实际效果，如图 11-7 所示。

图 11-7　安装好元器件后的实际效果

第 3 步　细绘接线图，工艺尽在手

根据元器件位置图，形象地描绘出各元器件的各部分（形象地用符号表示出元器件实物），按照原理图进行合理的布线，认真细致地绘制电路的接线图。

反接制动控制线路主电路参考接线，如图 11-8（a）所示，控制电路参考接线，如

图 11-8（b）所示。

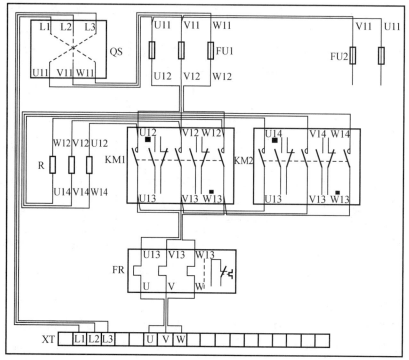

（a） 主电路参考接线

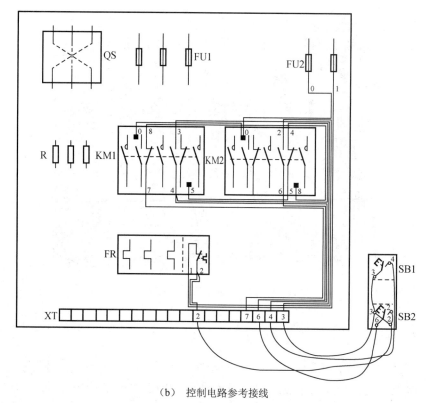

（b） 控制电路参考接线

图 11-8 反接制动控制线路参考接线图

第4步　慢接电路图，完美线工艺

对照反接制动控制线路原理图，根据绘制的参考接线图，进行合理美观的接线。接线的一般步骤：**先接控制线路，再接主电路，然后接电动机，最后接电源。**

反接制动控制线路接线过程，如表 11-2 所示。

表 11-2　接线过程图解说明

线号		操作内容说明	实际接线示意图
1号线	接线要领说明	1 号线有 2 个同电位点。将 FU2（右边）的下接线柱接到 FR（左边）的接线柱上	
	原理图解说明		
2号线	接线要领说明	2 号线有 4 个同电位点。先将按钮盒内 SB2（红色）常开触点和常闭触点一端相接并接到接线排，再将 KM2 常开触点（第 4 个接头）上接线柱与 FR2（右边）的一端相接再与接线排同电位点连接起来	
	原理图解说明		
3号线	接线要领说明	3 号线有 3 个同电位点。先将 SB2(红色) 常闭触点剩余一端和 SB1（绿色）常开触点一端相接并接到接线排，再与 KM1 常开触点（第 4 个接头）上接线柱连接起来	
	原理图解说明		

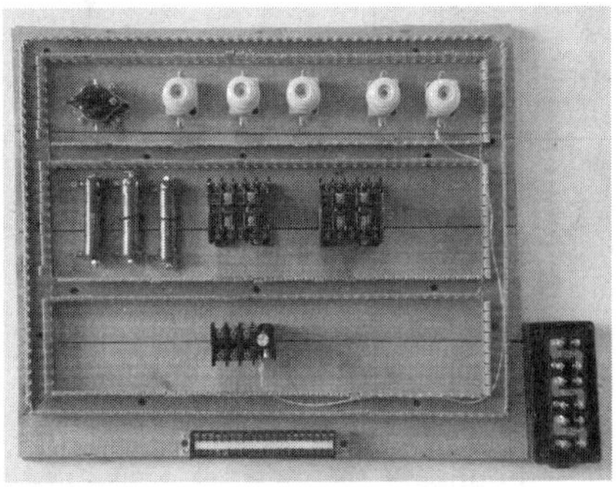

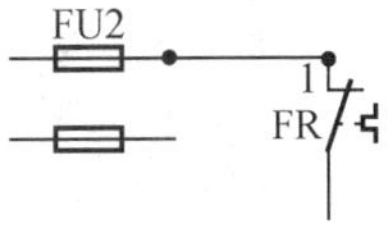

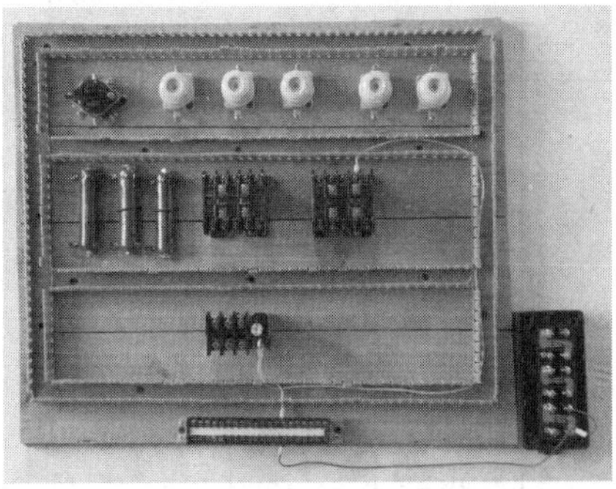

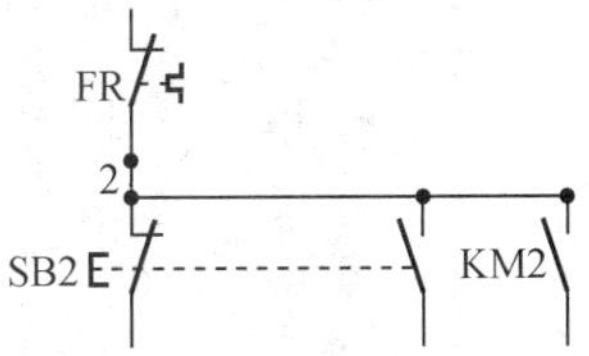

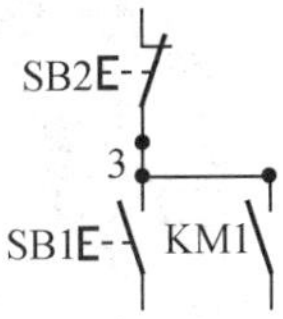

线号	操作内容说明		实际接线示意图
4 号线	接线要领说明	4 号线有 3 个同电位点。先将 SB1（绿色）常开触点剩余一端接到接线排，再将 KM2 常闭触点（第 4 个接头）上接线柱与 KM1 常开触点（第 4 个接头）下接线柱相接，然后与接线排同电位点连接起来	
	原理图解说明	SB1E- KM1 4 KM2	
5 号线	接线要领说明	5 号线有 2 个同电位点。将 KM2 常闭触点（第 4 个接头）下接线柱与 KM1 线圈下接线柱相接	
	原理图解说明	KM2 5 KM1	
6 号线	接线要领说明	6 号线有 3 个同电位点。先将 KM2 常开触点（第 4 个接头）下接线柱连接到接线排，与 SB2（红色）常闭触点剩余一端相接，再与电动机离心开关的常开触点相接（代替速度继电器）	
	原理图解说明	SB2E KM2 6 n KS	
7 号线	接线要领说明	7 号线有 2 个同电位点。将 KM1 常闭触点（第 2 个接头）下接线柱连接到接线排，与电动机离心开关的常开触点相接（代替速度继电器）	
	原理图解说明	n KS 7 KM1	

线号		操作内容说明	实际接线示意图
8 号 线	接线 要领 说明	8 号线有 2 个同电位点。将 KM1 常闭触点（第 2 个接头）上接线柱与线圈 KM2 下接线柱相接	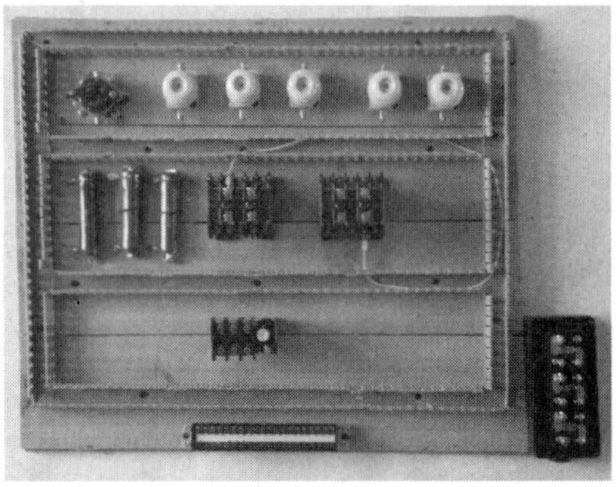
	原理 图解 说明	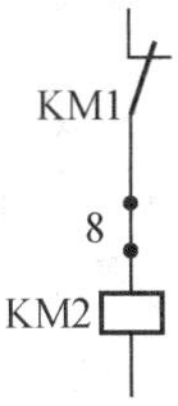	
0 号 线	接线 要领 说明	0 号线有 3 个同电位点。先将线圈 KM1 上接线柱与线圈 KM2 上接线柱连接，然后与熔断器 FU2（左边）下接线柱连接，控制电路接线即可完成	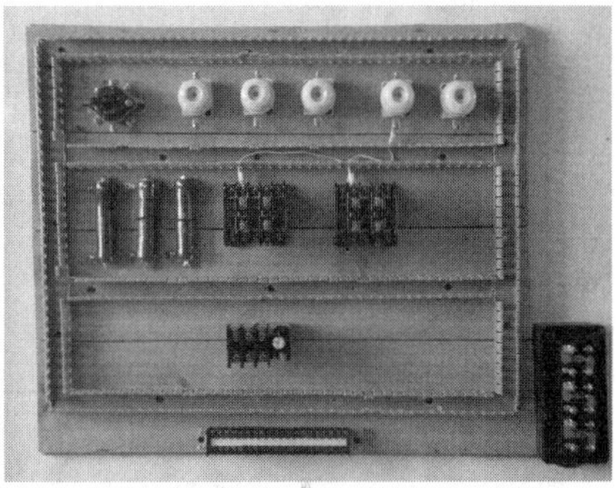
	原理 图解 说明	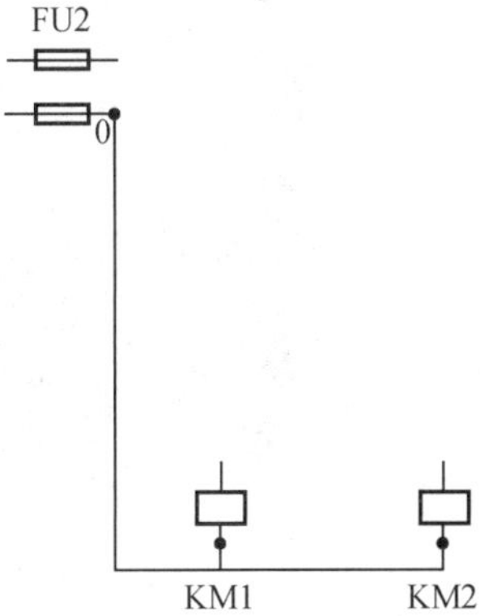	
L1 L2 L3	接线 要领 说明	L1、L2、L3 各有 2 个同电位点。由接线排连接到转换开关 QS 上端的 3 个接线柱	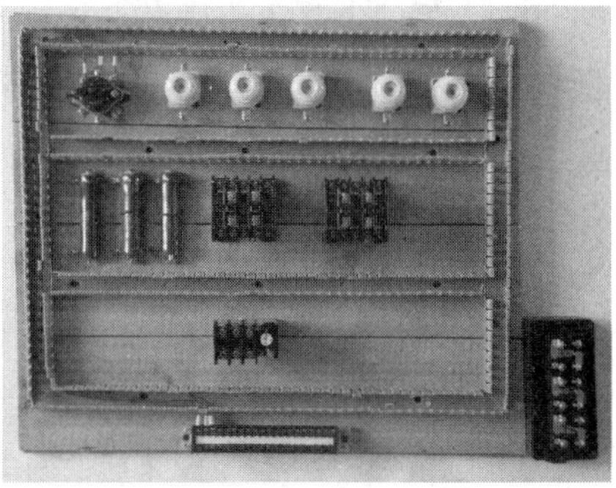
	原理 图解 说明	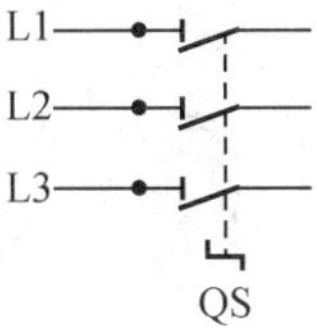	

线号	操作内容说明		实际接线示意图
U11 V11 W11	接线 要领 说明	U11、V11 各有 3 个同电位点，W11 有 2 个同电位点。先将 QS 下端的 3 个接线柱与 FU1 上接线柱分别相接，再从 FU1 的第 1、第 2 个上接线柱并联连接到 FU2 上接线柱	
	原理 图解 说明		
U12 V12 W12	接线 要领 说明	U12、V12、W12 各有 3 个同电位点。先将 FU1 下接线柱与 KM1 主触点(第 1、3、5 个接头)上接线柱相接，再与电阻上接线柱相接（其中两相互换，即互换 L1 与 L3）	
	原理 图解 说明		
U13 V13 W13	接线 要领 说明	U13、V13、W13 各有 3 个同电位点。先将 KM1 主触点(第 1、3、5 个接头)下接线柱与 KM2 主触点（第 1、3、5 个接头）下接线柱相接，再与 FR 主触点上接线柱相接	
	原理 图解 说明		

线号	操作内容说明		实际接线示意图
U14 V14 W14	接线 要领 说明	U14、V14、W14 各有 2 个同电位点。将电阻下接线柱与 KM2 主触点（第 1、3、5 个接头）上接线柱相接（注意，这里不需换相）	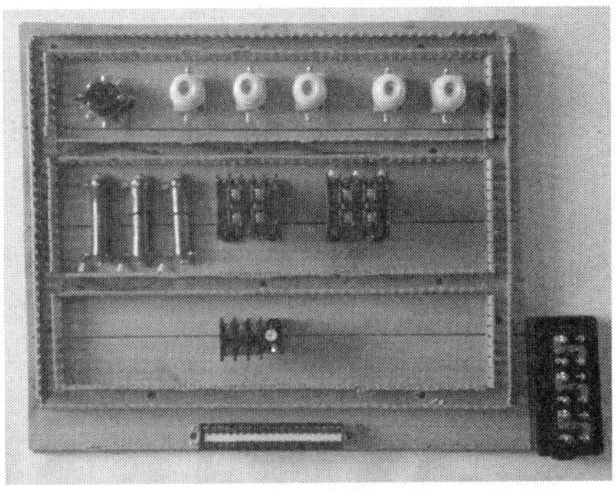
	原理 图解 说明	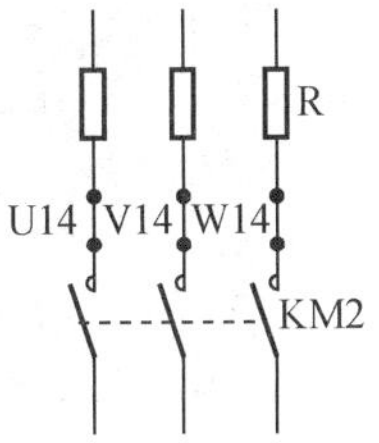	
U V W	接线 要领 说明	U、V、W 各有 2 个同电位点。将 FR 主触点下接线柱先接到接线排过渡，再连接三相电动机 M。主电路接线即可完成	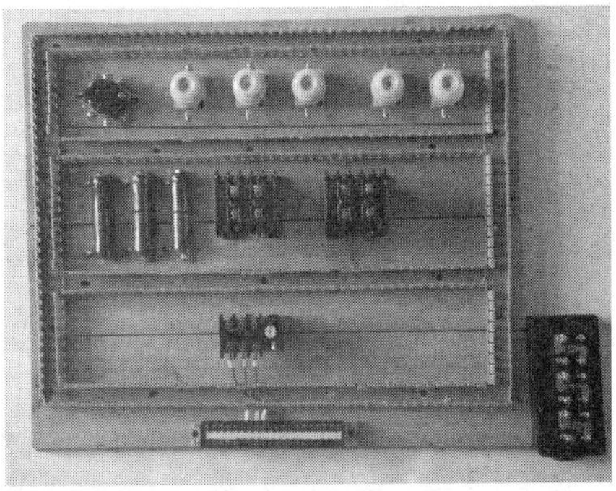
	原理 图解 说明	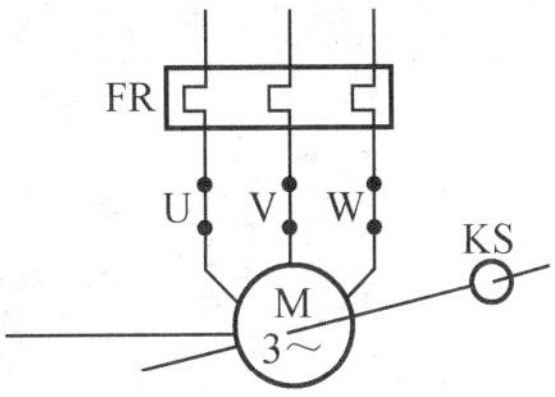	

最终完成接线后的点动控制线路实物，如图 11-1 所示。

第 5 步　活用欧姆挡，结果早知道

对于安装完成的控制线路，通电前自检是安全通电试车的重要保证。

01 目测，主要按电路原理图或绘制的接线图，逐段核对接线及接线端子处线号是否正确，有无漏接、错接。检查导线接点是否符合要求，有无反圈、露铜过长、压绝缘等故障，接点接触是否良好等。

02 应用数字万用表进行检测，主要检测熔断器的通断、控制电路的通断及部分触点的通断情况。熔断器的通断情况自检如表 1-4 所示。数字万用表自检操作方法如表 11-3 所示。

表 11-3　反接制动控制线路数字万用表自检操作方法

自检内容	操作要领解析	操作方法
检测控制线路通断情况	将数字万用表置于欧姆挡，选择"2k"挡位，红黑表笔跨接在 FU2 的下接线柱，此时按下启动按钮 SB1(绿色)，显示的数字为"1.8"左右，说明控制电路正确。 如果显示为其他数值，则说明控制电路有问题，需要进行维修	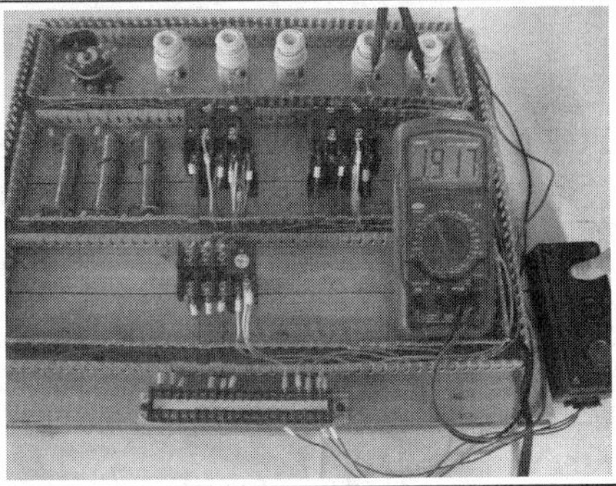

续表

自检内容	操作要领解析	操作方法
检测控制线路通断情况	将数字万用表置于欧姆挡，选择"2k"挡位，红黑表笔跨接在 FU2 的下接线柱，此时使 KM1 动作，显示的数字为"1.8"左右，说明控制电路正确。 如果显示为其他数值，则说明控制电路有问题，需要进行维修	
	在检测过程中人为使离心开关短接。将数字万用表置于欧姆挡，选择"2k"挡位，红黑表笔跨接在 FU2 的下接线柱，此时按下停止按钮 SB2(红色)，显示的数字为"1.8"左右，说明控制电路正确。 如果显示为其他数值，则说明控制电路有问题，需要进行维修	
	在检测过程中人为使离心开关短接。将数字万用表置于欧姆挡，选择"2k"挡位，红黑表笔跨接在 FU2 的下接线柱，此时使 KM2 动作，显示的数字为"1.8"左右，说明控制电路正确。 如果显示为其他数值，则说明控制电路有问题，需要进行维修	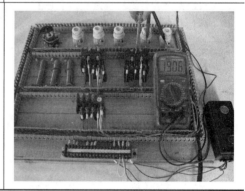

小贴士

　　自检时，主要是检测当按钮或接触器人为动作时，熔断器 FU2 两端检测的线圈的电阻值是否正常。具体操作时将数字万用表置于欧姆挡（$2\,k\Omega$ 挡位），红黑表笔跨接在 FU2 的下接线柱，通过如表 11-3 所示的操作，如果数字万用表指示线圈阻值为 $1.8\,k\Omega$ 左右，则说明控制电路正确；若阻值为 0，则说明线圈短路；若阻值为无穷大，则说明线圈断路或控制电路不通，需进一步检测修复。

　　按照以上数字万用表自检方法检测后，如果符合要求，则说明自检合格；如果不符合要求，则需进行检修，待自检合格后，再进行第 6 步的操作。

第 6 步　旋转电动机，累后尽开颜

反接制动控制线路的通电试车操作步骤如下：

01 通电时，先合上三相电源开关，再合上转换开关 QS，按下启动按钮 SB1；待转速大于 120r/min，离心开关开始动作。

02 试车完毕，先按下停止按钮 SB2，再断开转换开关 QS，最后切断三相电源开关。

电动机通电试车接线效果，如图 11-9 所示。

图 11-9　电动机通电试车接线效果

第 7 步　模拟排故障，经验日积累

在实训过程中，模拟设置故障有很多方法。例如，可以用绝缘胶带将原先接通的触点隔断，可以将连接的导线剪断，可以以损坏的元器件代替好的元器件，可以用纸片设置接触不良等。本书以人为设置的故障作为训练内容。

01 模拟设置故障：将接线排上离心开关接入线的一端压绝缘，使 7 号线断开。

02 描述故障现象：通上三相电源，合上 QS，按下启动按钮 SB1，电动机正常启动。但是反接制动时，效果不明显（KM2 接触器未动作），转速缓慢下降并停止。

03 根据现象分析，理清排故思路。

根据原理图与故障现象，分析后得出启动控制线路正常，问题出现在制动控制电路。应用电阻测量法检查制动控制电路的各号线的通断情况。

04 排故。图解排故过程，如表 11-4 所示。

表 11-4 排故过程图解说明

步骤	操作内容		图解操作步骤
第 1 步	操作 目的	检查 2 号线是否存在问题	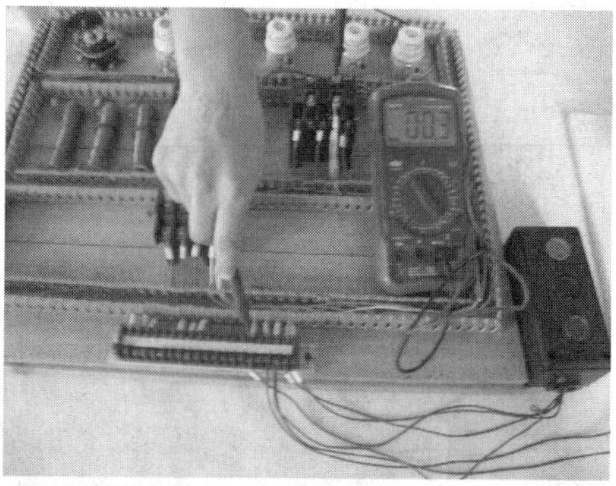
	操作 说明	将数字万用表置于欧姆挡，选择"200"挡位，检测 KM2 常开触点（第 4 个接头）上接线柱与接线排 2 号线接线柱是否接通，检测后显示的数字接近于"0"，说明正常	
第 2 步	操作 目的	检查 0 号线是否存在问题	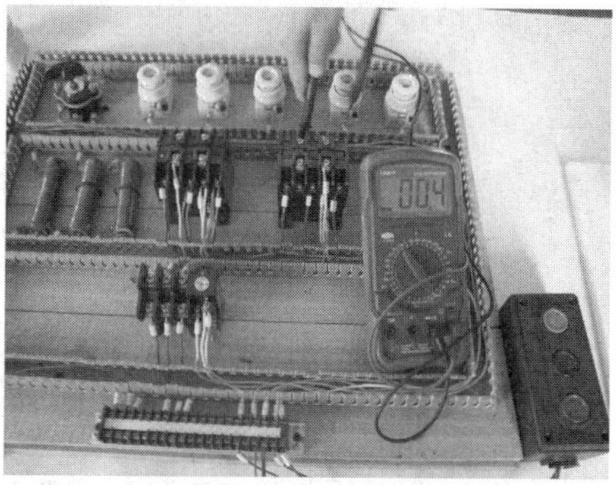
	操作 说明	将数字万用表置于欧姆挡，选择"200"挡位，检测 KM2 线圈上接线柱与 FU2（左边）下接线柱是否接通，检测后显示的数字接近于"0"，说明正常	
第 3 步	操作 目的	检查离心开关是否接通	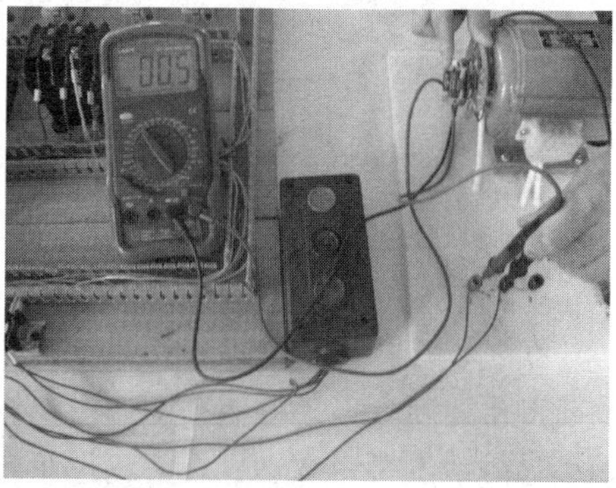
	操作 说明	将数字万用表置于欧姆挡，选择"200"挡位，人为操作离心开关使其动作，然后用红黑表笔检测离心开关两个接线柱是否接通，检测后显示的数字接近于"0"，说明正常	
第 4 步	操作 目的	检查 6 号线是否存在问题	

续表

步骤	操作内容		图解操作步骤
第4步	操作说明	将数字万用表置于欧姆挡，选择"200"挡位，先检测离心开关引出线到接线排 6 号线是否接通，检测后显示的数字接近于"0"，说明正常。 再检测接线排 6 号线与 KM2 常开触点（第4 个接头）下接线柱是否接通，检测后显示的数字接近于"0"，说明正常	
第5步	操作目的	检查 7 号线是否存在问题	
	操作说明	将数字万用表置于欧姆挡，选择"200"挡位，先检测接线排 7 号线与 KM1 常闭触点（第2 个接头）下接线柱是否接通，检测后显示的数字接近于"0"，说明正常。 再检测离心开关引出线到接线排 7 号线是否接通，检测后显示的数字为"1"，说明存在问题	
第6步	操作说明	检查后发现，离心开关引出线到接线排的 7 号线存在压绝缘故障，更改 7 号线后恢复正常	

05 最终判断结果：接线排上离心开关引出线的一端压绝缘。

06 通电试车：按照"第 6 步　旋转电动机，累后尽开颜"再次进行试车。

11.3 考核评价：安装、调试与排故评分

安装与调试评分细则，如表 11-5 所示。

表 11-5 安装与调试评分细则

评分内容	配分	评分标准	扣分	得分
装前检查	5 分	1. 电器元器件漏检或错检，每只扣 5 分 2. 检查时间外更换元器件，每只扣 5 分		
安装元器件	15 分	1. 控制板上元器件不符合要求：元器件安装不牢固（有松动），布置不整齐、不匀称、不合理，每只扣 5 分 2. 漏装螺钉、元器件安装错误，每只扣 3 分 3. 损坏元器件，每只扣 15 分		
布线	35 分	1. 布线不符合要求：主电路，每根扣 3 分；控制电路，每根扣 2 分 2. 试车正常，但不按电路图接线，扣 10 分 3. 接点松动、反圈、接点导线露铜过长、压绝缘层：主电路，每个扣 2 分；控制电路，每个扣 1 分 4. 主、控电路布线不平整，有弯曲，有交叉，有架空等，每处扣 5 分 5. 损伤导线绝缘或线芯，每根扣 5 分 6. 漏接接地线，扣 10 分		
通电试车	30 分	1. 热继电器值未整定，扣 10 分 2. 配错熔体，主、控电路各扣 5 分 3. 操作顺序错误，每次扣 10 分 4. 第一次试车不成功，扣 10 分；第二次试车不成功，扣 20 分		
安全文明生产	15 分	1. 违反安全文明生产规程，扣 5 分 2. 乱线敷设，加扣不安全分，扣 5 分 3. 实训结束后，不整理清扫工位，扣 5 分		
装调总分（各项内容的最高扣分不应超过配分数）				

模拟排故评分细则，如表 11-6 所示。

表 11-6 模拟排故评分细则

评分内容	配分	评分标准	扣分	得分
故障分析	30 分	1. 故障现象不明确，故障分析排故思路不正确，每个扣 10 分 2. 标错电路故障范围，每个扣 10 分		
排除故障	60 分	1. 停电不验电，扣 5 分 2. 工具及仪表使用不当，每次扣 5 分 3. 排除故障的顺序不对，扣 5~10 分 4. 不能查出故障点，每个扣 20 分 5. 查出故障点，但不能排除，每个扣 10 分 6. 产生新的故障：不能排除，每个扣 30 分；已经排除，每个扣 20 分 7. 损坏电动机，扣 60 分 8. 损坏电器元器件，或排除故障方法不正确，每只扣 30 分		
安全文明生产	10 分	1. 违反安全文明生产规程，扣 5 分 2. 排故工作结束后，不整理清扫工位，扣 5 分		
排故总分（各项内容的最高扣分不应超过配分数）				

思考与练习

1．什么是制动？

2．什么是反接制动？反接制动有何优缺点？简述其适用范围。

3．请画出反接制动控制线路原理图，并写出工作原理。

能耗制动控制线路的安装、调试与排故

项目描述

安装并调试完成如图 12-1 所示的三相异步电动机能耗制动控制线路，然后通电试车，最后进行模拟排故训练。

图 12-1　电动机能耗制动控制接线效果

学习目标

● 熟悉能耗制动的概念。

● 掌握能耗制动控制线路的安装与调试，通电试车。

● 掌握基本排故方法。

12.1　相关知识：能耗制动的基本概念及优缺点

1　能耗制动的概念

能耗制动就是当电动机切断电源后，立即在定子绕组的任意两相中通入直流电，迫使电动机迅速停转，如图 12-2 所示。

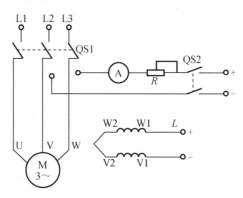

图 12-2　能耗制动的工作原理

先断开电源开关 QS1，转子由于惯性作用按原方向继续运转，合上直流电源开关 QS2，并将 QS1 向下合闸，此时电动机 V、W 两定子绕组通入了直流电，该直流电在定子中产生一个恒定的静止磁场，使旋转的电动机被牢牢地吸住，迫使电动机迅速地停转。

无变压器单相半波整流单向启动能耗制动，线路采用单相半波整流器作为直流电源，所用附加设备较少，线路简单，成本低，常用于 10kW 以下小容量电动机，并且对制动要求不高的场合。

2　能耗制动的优缺点

能耗制动的优点是制动准确、平稳，且能量消耗较小；缺点是需要附加直流电源装置，设备费用较高，制动力较弱，在低速时制动力矩小。因此能耗制动一般用于要求制动准确、平稳的场合，如磨床、立式铣床等的控制线路中。

12.2　技能训练：装调能耗制动控制线路并模拟排故

训练目的

按照操作步骤，设计能耗制动控制线路位置图，绘制接线图，并进行实际安装与调试、通电试车、模拟排故。

操作步骤

第 1 步　读懂原理图，快速选元件

01 识读能耗制动控制线路原理图。

电动机单向启动能耗制动控制线路，如图 12-3 所示。

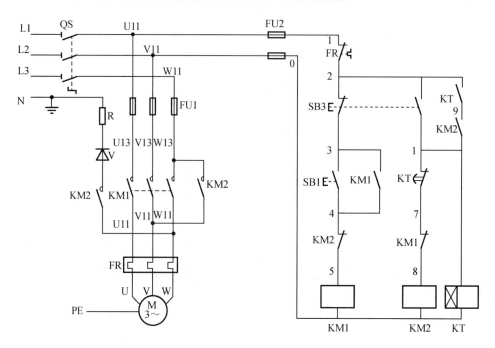

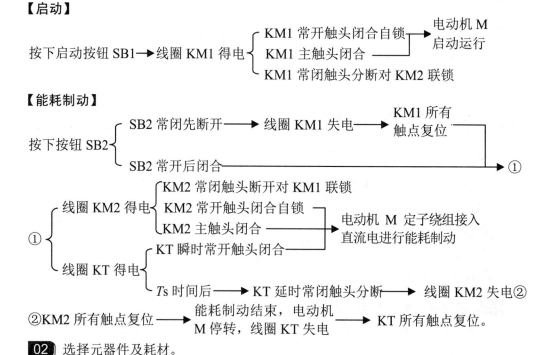

图 12-3　电动机单向启动能耗制动控制线路

单相半波整流能耗制动控制线路工作原理如下：

首先，合上转换开关 QS。

【启动】

按下启动按钮 SB1 → 线圈 KM1 得电 { KM1 常开触头闭合自锁 ; KM1 主触头闭合 ; KM1 常闭触头分断对 KM2 联锁 } → 电动机 M 启动运行

【能耗制动】

按下按钮 SB2 { SB2 常闭先断开 → 线圈 KM1 失电 → KM1 所有触点复位 ; SB2 常开后闭合 → ① }

① { 线圈 KM2 得电 { KM2 常闭触头断开对 KM1 联锁 ; KM2 常开触头闭合自锁 ; KM2 主触头闭合 } → 电动机 M 定子绕组接入直流电进行能耗制动 ; 线圈 KT 得电 { KT 瞬时常开触头闭合 ; T_s 时间后 → KT 延时常闭触头分断 → 线圈 KM2 失电② } }

②KM2 所有触点复位 → 能耗制动结束，电动机 M 停转，线圈 KT 失电 → KT 所有触点复位。

02 选择元器件及耗材。

根据能耗制动控制线路原理图，列出所需的低压元器件及耗材清单，如表 12-1 所示。表 12-1 中低压元器件为训练用参考型号，应用时可根据实际情况进行相应的转换。

表 12-1 元器件明细表及耗材清单

符号	元器件名称	型号	规格	数量
M	三相异步电动机	JW6314	0.18kW，380V，0.4A，1400r/min	1 只
QS	转换开关	HZ10-10/3	三极，10A	1 个
FU1	主电路熔断器	RL3-15	380V，15A，配熔体 10 A	3 只
FU2	控制电路熔断器	RL3-15	380V，15A，配熔体 2A	2 只
KM	交流接触器	CJ10-10	10A，线圈电压 380V	3 只
SB	按钮	LA10-3H	保护式，380V，5A，按钮数 3	1 只
FR	热继电器	JR36-20	额定电流 20A，1.5~2.4A	1 只
KT	时间继电器	JS7-2A	额定电压 380V，7200 匝，50Hz	1 只
XT	接线排	JX210-20	380 V，10A，20 节	1 条
	控制板	木板	450mm×600mm×40mm	1 块
	主电路导线	BVR- 1.0	1.0mm² 红色软铜线	若干
	控制电路导线	BVR- 1.0	1.0mm² 黄色软铜线	若干
	按钮连接线	BVR-0.75	0.75mm² 蓝色软铜线	若干
	保护接地线	BV- 1.5	1.5mm² 黄绿双色软铜线	若干
	号码管		1. 5mm² 白色	若干
	线槽		20mm×40mm	2m

第 2 步　巧布位置图，方便你接线

01 布置能耗制动控制线路元器件位置图。

位置图就是根据电器元器件在控制板上的实际安装位置，而采用简化的外形符号（如正方形、矩形、圆形等）而绘制的一种简图。图中各电器的文字符号必须与电路图和接线图的标注一致。

能耗制动电动机控制线路元器件安装参考位置，如图 12-4 所示。

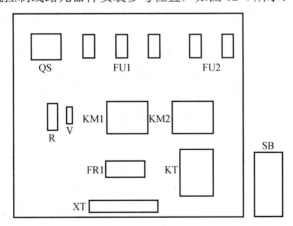

图 12-4　能耗制动电动机控制线路元器件安装参考位置

02 检测元器件。

安装元器件之前需要进行检测，保证元器件的可靠性，以保障电路运行的正确性。检验元器件质量应在不通电的情况下，用数字万用表电阻挡检查各触点的分、合情况是否良好。各低压元器件检测过程如表 1-2 所示。安装好元器件后的实际效果，如图 12-5 所示。

图 12-5　安装好元器件后的实际效果

第 3 步　细绘接线图，工艺尽在手

根据元器件位置图，形象地描绘出各元器件的各部分（形象地用符号表示出元器件实物），按照原理图进行合理的布线，认真细致地绘制电路的接线图。

能耗制动电动机控制线路主电路参考接线，如图 12-6（a）所示，控制电路参考接线，如图 12-6（b）所示。

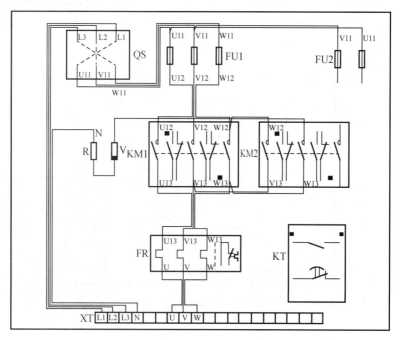

（a）主电路参考接线

图 12-6　能耗制动电动机控制线路参考接线

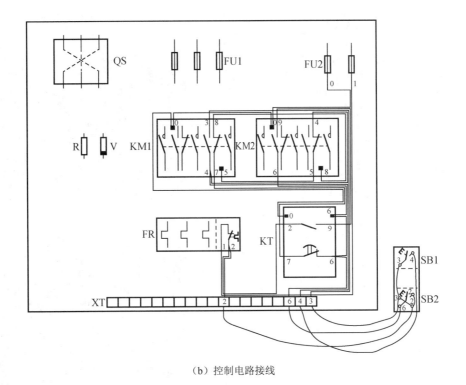

（b）控制电路接线

图 12-6　能耗制动电动机控制线路参考接线（续）

第 4 步　慢接电路图，完美线工艺

对照反接制动控制线路原理图，根据绘制的参考接线图，进行合理美观的接线。接线的一般步骤：**先接控制线路，再接主电路，然后接电动机，最后接电源。**

反接制动控制线路接线过程，如表 12-2 所示。

表 12-2　接线过程图解说明

线号		操作内容说明	实际接线示意图
1 号线	接线要领说明	1 号线有 2 个同电位点。将 FU2（右边）的下接线柱接到 FR1（左边）的一端	
	原理图解说明	FU2 ─┤├─●─── 1 ─── FR ─┤╱├─	

线号		操作内容说明	实际接线示意图
2号线	接线要领说明	2 号线有 4 个同电位点。先将按钮盒内 SB2（红色）常开触点和常闭触点一端相接并接到接线排，然后将 KT 瞬时动作常开触点（左边）与 FR2（右边）一端相接后再与接线排同电位点连接起来	
	原理图解说明		
3号线	接线要领说明	3 号线有 3 个同电位点。先将按钮盒内 SB2（红色）常闭触点剩余一端和 SB1（绿色）常开触点一端相接并接到接线排，再与 KM1 常开触点（第 4 个接头）的上接线柱相接	
	原理图解说明		
4号线	接线要领说明	4 号线有 3 个同电位点。先将 KM1 常开触点（第 4 个接头）下接线柱与 KM2 常闭触点（第 4 个接头）上接线柱相接并连接到接线排，再与 SB1（绿色）常开触点剩余一端相接	
	原理图解说明		
5号线	接线要领说明	5 号线有 2 个同电位点。将 KM2 常闭触点（第 4 个接头）下接线柱与线圈 KM1 下接线柱相接	
	原理图解说明		

线号	操作内容说明		实际接线示意图
6 号线	接线要领说明	6 号线有 4 个同电位点。先将 KM2 常开触点（第 2 个接头）下接线柱与线圈 KT（右边）下接线柱相接，再与 KT 延时常闭触点（右边）接线柱相接并连接到接线排，最后与 SB2（红色）常开剩余一端相接	
	原理图解说明		
7 号线	接线要领说明	7 号线有 2 个同电位点。将 KT 延时常闭触点（左边）接线柱与 KM1 常闭触点（第 4 个接头）下接线柱相接	
	原理图解说明		
8 号线	接线要领说明	8 号线有 2 个同电位点。将 KM1 常闭触点（第 4 个接头）上接线柱与线圈 KM2 下接线柱相接	
	原理图解说明		
9 号线	接线要领说明	9 号线有 2 个同电位点。将 KT 瞬时常开触点（右边）接线柱与 KM2 常开触点（第 2 个接头）上接线柱相接	
	原理图解说明		

线号	操作内容说明		实际接线示意图
0号线	接线要领说明	0号线有4个同电位点。先将线圈KT（左边）一端、线圈KM1上接线柱和线圈KM2上接线柱相接，然后与FU2（左边）下接线柱相接	
	原理图解说明		
L1 L2 L3	接线要领说明	L1、L2、L3各有2个同电位点。由接线排接到转换开关QS上端的3个接线柱	
	原理图解说明		
U11 V11 W11	接线要领说明	U11、V11各有3个同电位点，W11有2个同电位点。先将QS下端3个接线柱与FU1上接线柱分别相接，再从FU1的第1、第2个上接线柱并联连接到FU2上接线柱	
	原理图解说明		

线号	操作内容说明		实际接线示意图
U12 V12 W12	接线 要领 说明	U12、V12 各有 2 个同电位点，W12 有 3 个同电位点。先将 FU1 的 3 个下接线柱与 KM1 主触点（第 1、3、5 个接头）上接线柱分别相接；再从 KM1 主触点（第 5 个接头）上接线柱引出与 KM2 主触点（第 1 个接头）上接线柱相接；最后从 KM2 主触点（第 3 个接头）上接线柱引出线与 V、R 进行串接	
	原理 图解 说明	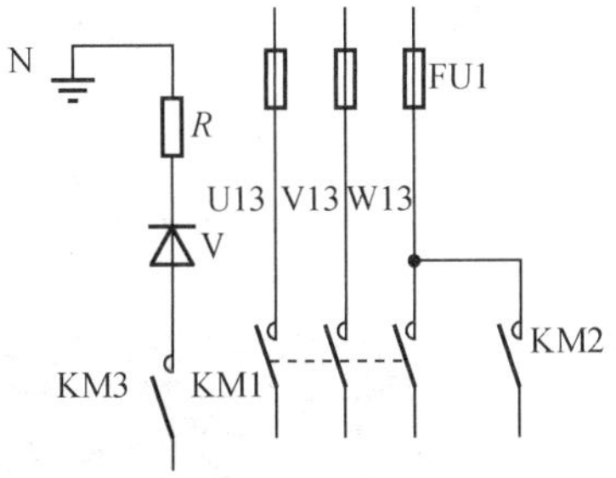	
U13 V13 W13	接线 要领 说明	U13 有 2 个同电位点，V13、W13 各有 3 个同电位点。先将 KM1 主触点（第 1、3、5 个接头）下接线柱分别与 FR 主触点上接线柱相接；再从 KM1 主触点（第 3 个接头）下接线柱引出与 KM2 主触点（第 3 个接头）下接线柱相接；最后从 KM1 主触点（第 5 个接头）下接线柱引出与 KM2 主触点（第 5 个接头）下接线柱相接	
	原理 图解 说明	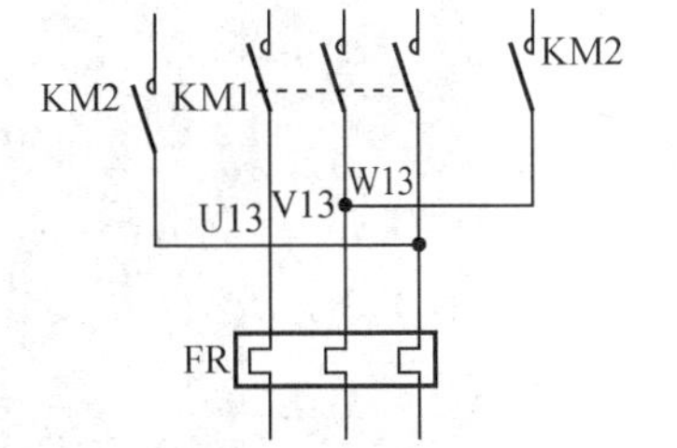	
U V W	接线 要领 说明	U、V、W 各有 2 个同电位点。将热继电器 FR 主触点下接线柱先接到接线排过渡，再接三相电动机 M。主电路接线即可完成	
	原理 图解 说明	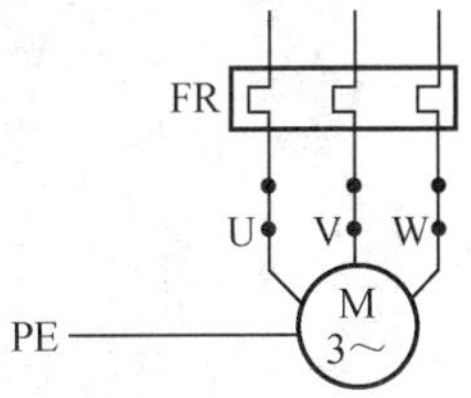	

最终完成接线后的点动控制线路实物，如图 12-1 所示。

第5步　活用欧姆挡，结果早知道

对于安装完成的控制线路，通电前自检是安全通电试车的重要保证。

01 目测，主要按电路原理图或绘制的接线图，逐段核对接线及接线端子处线号是否正确，有无漏接、错接。检查导线接点是否符合要求，有无反圈、露铜过长、压绝缘等故障，接点接触是否良好等。

02 应用数字万用表进行检测，主要检测熔断器的通断、控制电路的通断及部分触点的通断情况。熔断器通断情况自检，如表 1-4 所示。数字万用表自检操作方法，如表 12-3 所示。

表 12-3　数字万用表自检操作方法

自检内容	操作要领解析	操作示意图
检测控制线路通断情况	将数字万用表置于欧姆挡，选择"2k"挡位，红黑表笔跨接在 FU2 的下接线柱，此时按下启动按钮 SB1(绿色)，显示的数字为"1.8"左右，说明控制电路正确。 如果显示为其他数值，则说明控制电路有问题，需要进行维修	
	将数字万用表置于欧姆挡，选择"2k"挡位，红黑表笔跨接在 FU2 的下接线柱，此时使 KM1 动作，显示的数字为"1.8"左右，说明控制电路正确。 如果显示为其他数值，则说明控制电路有问题，需要进行维修	
	将数字万用表置于欧姆挡，选择"2k"挡位，红黑表笔跨接在 FU2 的下接线柱，此时按下启动按钮 SB2(红色)，显示的数字为"0.7"左右 （阻值为 KM2、KT 两个线圈并联的阻值），说明控制电路正确。 如果显示为其他数值，则说明控制电路有问题，需要进行维修	

自检内容	操作要领解析	操作示意图
检测控制线路通断情况	将数字万用表置于欧姆挡，选择"2k"挡位，红黑表笔跨接在 FU2 的下接线柱，此时使 KM1 动作，同时人为操作 KT 使时间继电器动作，未动作时显示的数字为"0.7"左右（阻值为 KM2、KT 两个线圈并联的阻值），说明控制电路正确；动作时显示的数字为"1.2"左右（阻值为线圈 KT 的阻值），说明控制电路正确。 如果显示为其他数值，则说明控制电路有问题，需要进行维修	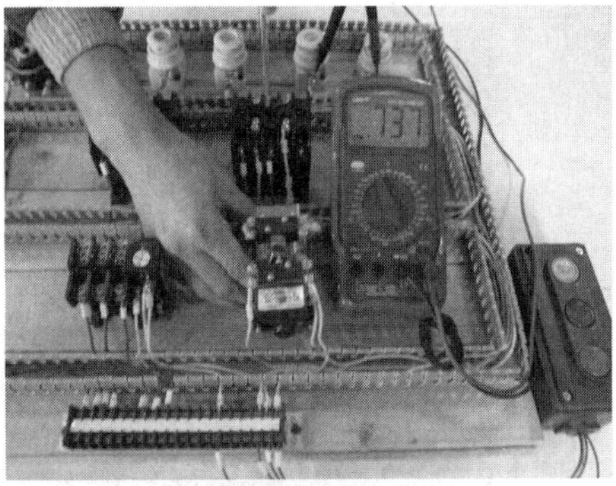 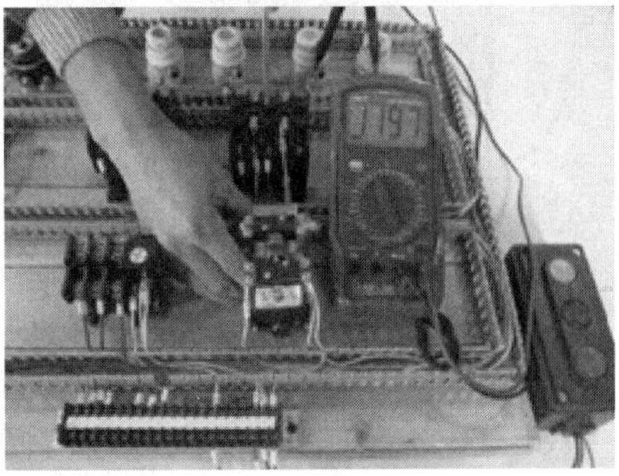

小贴士

　　自检时，主要检测当按钮或接触器人为动作时，熔断器 FU2 两端检测的线圈的电阻值是否正常。具体操作时将数字万用表置于欧姆挡（2 kΩ 挡位），红黑表笔跨接在 FU2 的下接线柱，通过表 12-3 所示操作，如果数字万用表指示线圈阻值为 1.8 kΩ 左右，则说明控制电路正确；若阻值为 0，则说明线圈短路；若阻值为无穷大，则说明线圈断路或控制电路不通，需进一步检测修复。

　　按照以上数字万用表自检方法检测后，如果符合要求的，则说明自检合格；如果不符合要求，则需进行检修，待自检合格后，再进行第 6 步的操作。

第 6 步　旋转电动机，累后尽开颜

　　能耗制动控制线路的通电试车操作步骤如下：

01　通电时，先合上三相电源开关，再合上转换开关 QS，按下启动按钮 SB1，电动机启动运行；按下停止按钮 SB2，一段时间后能耗制动自动结束。

02 试车完毕，断电时，先断开转换开关 QS，再切断三相电源开关。

电动机通电试车接线效果，如图 12-7 所示。

图 12-7 电动机通电试车接线效果

第 7 步 模拟排故障，经验日积累

在实训过程中，模拟设置故障有很多方法。例如，可以用绝缘胶带将原先接通的触点隔断，可以将连接的导线剪断，可以以损坏的元器件代替好的元器件，可以用纸片设置接触不良等。本书以人为设置的故障作为训练内容。

01 模拟设置故障：将 KM2 常开触点（第 2 个接头的上接线柱）压绝缘（9 号线断开）。

02 描述故障现象：按下启动按钮 SB1，电动机启动运行正常；当按下按钮 SB2 时，线圈 KM2、KT 能够动作，但是不能自锁，故能耗制动不起作用。

03 根据现象分析，理清排故思路。

根据现象和电路原理图，问题可能出现在线圈 KM2、KT 的自锁回路。检查自锁回路的 2、9、6 号线是否接通。

04 排故。图解排故过程，如表 12-4 所示。

表 12-4　排故过程图解说明

步骤		操作内容	图解操作步骤
第1步	操作目的	检查 2 号线是否存在问题	
	操作说明	将数字万用表置于欧姆挡，选择"200"挡位，检测 KT 瞬时常开触点（左边）接线柱与 FR（右边）接线柱是否接通，检测后显示的数字接近于"0"，说明正常	
第2步	操作目的	检查 9 号线是否存在问题	
	操作说明	将数字万用表置于欧姆挡，选择"200"挡位，检测 KT 瞬时常开触点（右边）接线柱与 KM2 常开触点（第 2 个接头）上接线柱是否接通，检测后显示的数字为"1"，说明存在问题	
第3步	操作目的	找到故障点，修复正常	
	操作说明	仔细检查 9 号线，发现 KM2 常开触点第 2 个接头上接线柱压绝缘。修复后恢复正常	

05 最终判断结果：线圈 KM2 的自锁回路中 9 号线断开。

06 通电试车：按照"第 6 步 旋转电动机，累后尽开颜"再次进行试车。

12.3　考核评价：安装、调试与排故评分

安装与调试评分细则，如表 12-5 所示。

表 12-5　安装与调试评分细则

评分内容	配分	评分标准	扣分	得分
装前检查	5 分	1. 电器元器件漏检或错检，每只扣 5 分 2. 检查时间外更换元器件，每只扣 5 分		
安装元器件	15 分	1. 控制板上元器件不符合要求：元器件安装不牢固（有松动），布置不整齐、不匀称、不合理，每只扣 5 分 2. 漏装螺钉、元器件安装错误，每只扣 3 分 3. 损坏元器件，每只扣 15 分		

续表

评分内容	配分	评分标准	扣分	得分
布线	35分	1. 布线不符合要求：主电路，每根扣3分；控制电路，每根扣2分 2. 试车正常，但不按电路图接线，扣10分 3. 接点松动、反圈、接点导线露铜过长、压绝缘层：主电路，每个扣2分；控制电路，每个扣1分 4. 主、控电路布线不平整，有弯曲，有交叉，有架空等，每处扣5分 5. 损伤导线绝缘或线芯，每根扣5分 6. 漏接接地线，扣10分		
通电试车	30分	1. 热继电器值未整定，扣10分 2. 配错熔体，主、控电路各扣5分 3. 操作顺序错误，每次扣10分 4. 第一次试车不成功，扣10分；第二次试车不成功，扣20分		
安全文明生产	15分	1. 违反安全文明生产规程，扣5分 2. 乱线敷设，加扣不安全分，扣5分 3. 实训结束后，不整理清扫工位，扣5分		
装调总分（各项内容的最高扣分不应超过配分数）				

模拟排故评分细则，如表 12-6 所示。

表 12-6　模拟排故评分细则

评分内容	配分	评分标准	扣分	得分
故障分析	30分	1. 故障现象不明确，故障分析排故思路不正确，每个扣10分 2. 标错电路故障范围，每个扣10分		
排除故障	60分	1. 停电不验电，扣5分 2. 工具及仪表使用不当，每次扣5分 3. 排除故障的顺序不对，扣5~10分 4. 不能查出故障点，每个扣20分 5. 查出故障点，但不能排除，每个扣10分 6. 产生新的故障：不能排除，每个扣30分；已经排除，每个扣20分 7. 损坏电动机，扣60分 8. 损坏电器元器件，或排除故障方法不正确，每只扣30分		
安全文明生产	10分	1. 违反安全文明生产规程，扣5分 2. 排故工作结束后，不整理清扫工位，扣5分		
排故总分（各项内容的最高扣分不应超过配分数）				

● 思考与练习 ●

1. 什么是能耗制动？能耗制动有何优缺点？简述其适用范围。
2. 请画出能耗制动控制线路原理图，并写出其工作原理。

附录　综合控制线路的安装、调试与排故

下面为 10 个综合控制线路图，供读者进行相应的安装、调试与排故训练。具体方法、步骤参考项目 1～项目 12，这里不再赘述。

综合控制线路（一）

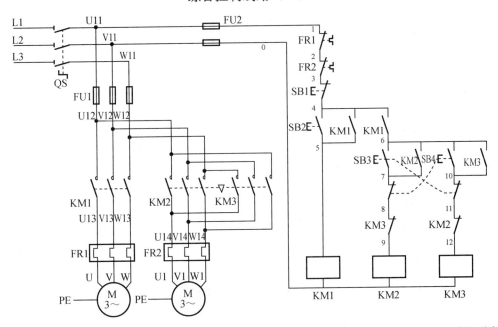

本控制线路综合了自锁控制、顺序控制和双重联锁正反转控制，工作原理读者可自行分析。

综合控制线路（二）

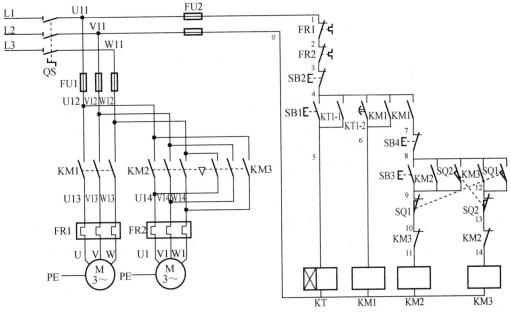

本控制线路综合了时间控制、顺序控制和自动往返控制，工作原理读者可自行分析。

综合控制线路（三）

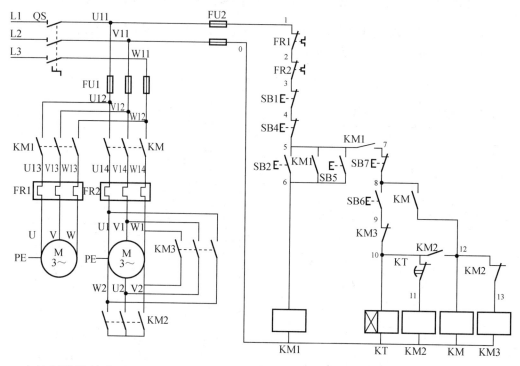

　　本控制线路综合了两地控制、自锁控制、顺序控制和星—三角控制，工作原理读者可自行分析。

综合控制线路（四）

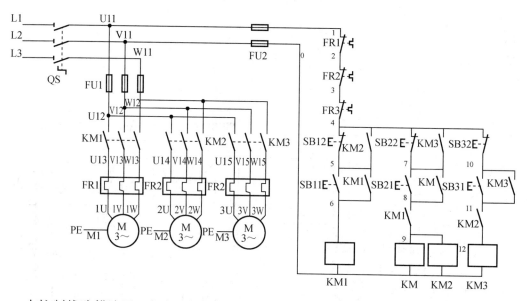

　　本控制线路描述了3台电动机的顺序启动逆序停止控制线路，工作原理读者可自行分析。

综合控制线路（五）

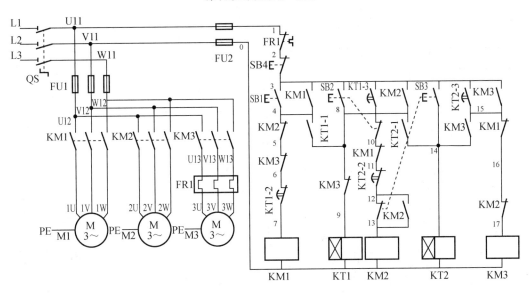

本控制线路摘自三速电动机的自动变速控制线路(这里分别用 M1、M2、M3 代替三速电动机的低速、中速、高速)，工作原理读者可自行分析。

综合控制线路（六）

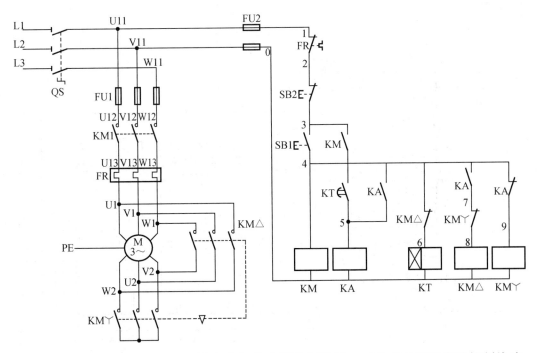

本控制线路是用时间继电器结合中间继电器控制的星—三角自动降压启动控制线路，工作原理读者可自行分析。

综合控制线路（七）

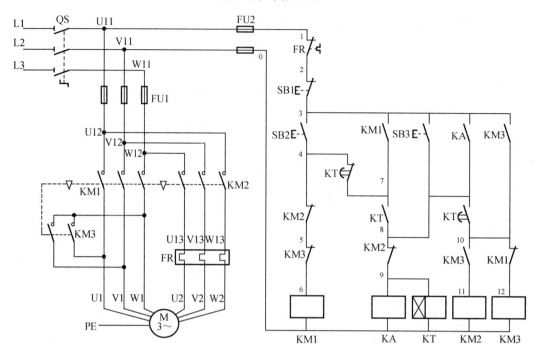

本控制线路是用时间继电器结合中间继电器控制的双速电动机变速控制线路，工作原理读者可自行分析。

综合控制线路（八）

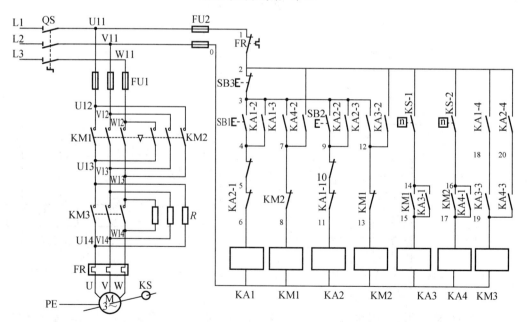

本控制线路是双向（正反向）启动反接制动控制线路，工作原理读者可自行分析。

综合控制线路（九）

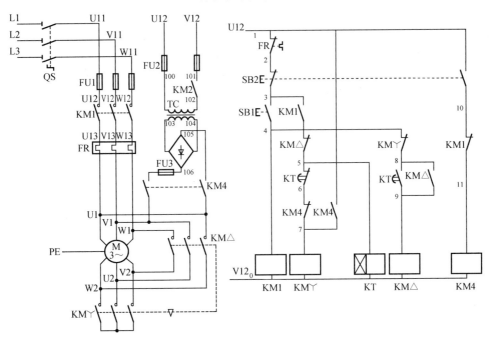

　　本控制线路是星—三角降压启动能耗制动（通电延时）控制线路，工作原理读者可自行分析。

综合控制线路（十）

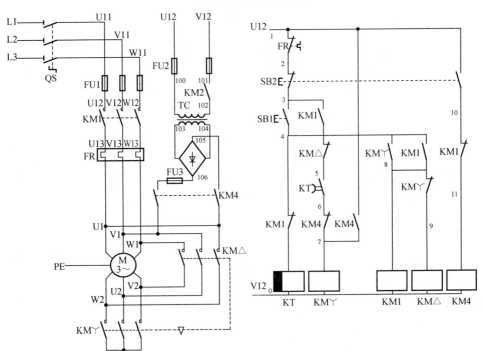

　　本控制线路是星—三角降压启动能耗制动（断电延时）控制线路，工作原理读者可自行分析。

参 考 文 献

陈雅萍. 2009. 电工技能与实训——基础版: 项目式教学. 北京: 高等教育出版社.

李敬梅. 2007. 电力拖动控制线路与技能训练. 4 版. 北京: 中国劳动社会保障出版社.

彭金华. 2008. 电气控制技术基础与实训. 北京: 科学出版社.

曾祥富, 邓朝平. 2006. 电工技能与实训. 2 版. 北京: 高等教育出版社.